STEPHEN HAWKING
& LEONARD MLODINOW

DIE KÜRZESTE GESCHICHTE DER ZEIT

Aus dem Amerikanischen übersetzt von Hainer Kober

Klett-Cotta

Die deutschsprachige Ausgabe ist erstmals 2005 im Rowohlt Verlag,
Hamburg, erschienen.

MIX
Papier | Fördert
gute Waldnutzung
FSC® C014889

Klett-Cotta
www.klett-cotta.de
Die Originalausgabe erschien unter dem Titel »A Briefer History of Time«
im Verlag Bantam Dell, A Division of Random House, Inc., New York

Acknowledgments – Book Illustrations – The Book Laboratory® Inc.,
James Zhang and Kees Veenenbos
Cover: Rothfos & Gabler, Hamburg
unter Verwendung einer Abbildung von © Hydrogen_Density_Plots,
Wikimedia Commons
Gesetzt von Dörlemann Satz, Lemförde
Gedruckt und gebunden von Friedrich Pustet GmbH & Co. KG, Regensburg
ISBN 978-3-608-98775-1
E-Book ISBN 978-3-608-12256-5

Bibliografische Information der Deutschen Nationalbibliothek
Die Deutsche Nationalbibliothek verzeichnet diese Publikation in der
Deutschen Nationalbibliografie; detaillierte bibliografische Daten
sind im Internet über http://dnb.d-nb.de abrufbar.

INHALT

VORWORT

DER TITEL DIESES BUCHES unterscheidet sich nur durch ein paar Buchstaben von einem Buch, das erstmals 1988 erschien. *Eine kurze Geschichte der Zeit* hielt sich auf der Bestsellerliste der *Sunday Times* 237 Wochen und wurde so oft verkauft, dass ungefähr ein Exemplar auf jeweils 750 Männer, Frauen und Kinder dieser Welt kommt. Dies war ein bemerkenswerter Erfolg für ein Buch, das einige der schwierigsten Fragen der modernen Physik aufgriff. Doch diese komplizierten Fragen sind zugleich die spannendsten, da sie die Grundfragen unserer Existenz stellen: Was wissen wir wirklich über das Universum? Wie ist unser Wissen darum beschaffen? Woher kam das Universum und wohin geht es? Diese Fragen standen im Mittelpunkt der *Kurzen Geschichte der Zeit*, und um diese Fragen geht es auch im vorliegenden Buch.

In den Jahren nach Erscheinen der *Kurzen Geschichte der Zeit* habe ich Rückmeldungen von Lesern aller Berufe und Altersstufen und aus aller Welt erhalten. Immer wieder wurde ich dabei um eine neue Version gebeten, die die wesentlichen Inhalte der *Kurzen Geschichte* beibehält, ihre wichtigsten Begriffe aber klarer und ausführlicher erläutert. Zwar könnte man erwarten, dass ein solches Buch *Eine weniger kurze Geschichte der Zeit* heißen würde, doch zeigten die Rückmeldungen ebenfalls, dass nur wenige Leser den Wunsch nach einer ausführlichen kosmologischen Abhandlung auf Universitätsniveau verspüren.

So kommt es zu der vorliegenden Form. In der *Kürzesten Geschichte der Zeit* haben wir die wesentlichen Inhalte des ursprünglichen Buches beibehalten und erweitert, dabei aber Wert darauf gelegt, seine Länge und Lesbarkeit zu bewahren. Trotzdem ist es eine kürzere Geschichte geworden, denn wir haben einige der wissenschaftlich komplizierteren Aspekte fortgelassen. Das haben wir aber unserer Meinung nach mehr als ausgeglichen, indem wir die Dinge, die wirklich den Kern des Buches bilden, ausführlicher behandelt haben.

Außerdem haben wir die Gelegenheit genutzt, das Buch zu aktualisieren, das heißt, neue theoretische und empirische Erkenntnisse zu berücksichtigen. *Die kürzeste Geschichte der Zeit* beschreibt die Fortschritte, die bei der Suche nach einer vollständigen, vereinheitlichten Theorie aller Naturkräfte in jüngerer Zeit erzielt worden sind. Insbesondere beschäftigt sie sich mit den Entwicklungen in der Stringtheorie und den «Dualitäten» oder Entsprechungen zwischen scheinbar verschiedenen physikalischen Theorien – Indizien dafür, dass es eine vereinheitlichte Theorie der Physik geben könnte. Auf der empirischen Seite berichtet das Buch über wichtige neue Beobachtungen, etwa des Satelliten Cosmic Background Explorer (COBE) und des Hubble-Weltraumteleskops.

Vor etwa vierzig Jahren sagte Richard Feynman: «Wir haben das Glück, in einem Zeitalter zu leben, in dem noch immer Entdeckungen gemacht werden. Es ist wie mit der Entdeckung Amerikas – man kann es nur einmal entdecken. Das Zeitalter, in dem wir leben, ist das Zeitalter, in dem wir die fundamentalen Naturgesetze entdecken.» Heute sind wir dem Ziel, das Wesen des Universums zu erklären, näher als jemals zuvor. Mit diesem Buch möchten wir einen Eindruck davon vermitteln, wie aufregend diese Entdeckungen sind und welches neue Bild der Wirklichkeit sich daraus ergibt.

KAPITEL EINS

VORSTELLUNGEN VOM UNIVERSUM

WIR LEBEN IN EINEM SELTSAMEN und wunderbaren Universum. Um es in seinem Alter, seiner Größe, seiner Kraftentfaltung und seiner Schönheit zu würdigen, bedarf es einer außerordentlichen Vorstellungskraft. Die Stellung, die wir Menschen in diesem riesigen Kosmos einnehmen, erscheint eher unbedeutend. Und so versuchen wir, das Ganze zu begreifen und die Rolle zu verstehen, die wir darin spielen. Ein namhafter Wissenschaftler (man sagt, es sei Bertrand Russell gewesen) hielt vor einigen Jahrzehnten einen öffentlichen Vortrag über Astronomie. Er schilderte, wie die Erde um die Sonne und die Sonne ihrerseits um den Mittelpunkt einer riesigen Ansammlung von Sternen kreist, die wir unsere Galaxis nennen.

Als der Vortrag beendet war, stand hinten im Saal eine kleine alte Dame auf und erklärte: «Was Sie uns da erzählt haben, ist alles Unsinn. In Wirklichkeit ist die Welt eine flache Scheibe, die von einer Riesenschildkröte auf dem Rücken getragen wird.» Mit einem überlegenen Lächeln hielt der Wissenschaftler ihr entgegen: «Und worauf steht die Schildkröte?» – «Sehr schlau, junger Mann», parierte die alte Dame. «Da stehen lauter Schildkröten aufeinander.»

Die meisten Menschen werden über die Vorstellung, unser Universum sei ein unendlicher Schildkrötenturm, den Kopf schütteln. Doch woher nehmen wir die Überzeugung, es besser zu wissen? Vergessen Sie einen Augenblick, was Sie über das All wissen – oder zu wissen glauben.

Dann schauen Sie nach oben in den Nachthimmel. Was könnten diese Lichtpunkte bedeuten? Sind sie winzige Feuer? Es dürfte Ihnen schwer fallen, sich vorzustellen, was sie wirklich sind, denn das, was sie wirklich sind, liegt weit jenseits unserer gewöhnlichen Erfahrung. Wenn Sie die Sterne regelmäßig betrachten, haben Sie wahrscheinlich in der Dämmerung schon öfter ein schwaches Licht am Horizont erblickt. Es ist der Planet Merkur, der allerdings keine Ähnlichkeit mit unserem eigenen Planeten hat. Ein Tag auf Merkur entspricht zwei Dritteln eines Merkurjahres. Wenn die Sonne scheint, erreicht seine Oberfläche Temperaturen von mehr als 400 Grad Celsius, die in der Nacht auf fast 200 Grad unter null fallen. Doch so verschieden Merkur auch von unserem eigenen Planeten ist, er liegt unserer Vorstellung nicht annähernd so fern wie ein typischer Stern, denn der ist ein riesiger Hochofen, der Milliarden Kilogramm Materie in der Sekunde verbrennt und in seinem Kern Temperaturen von mehreren zehn Millionen Grad erreicht.

Schwer vorstellbar ist auch, wie weit die Planeten und Sterne tatsächlich entfernt sind. Die alten Chinesen erbauten Steintürme, um die Sterne aus der Nähe betrachten zu können. Der Gedanke, dass uns die Sterne und Planeten viel näher sind, als es in Wirklichkeit der Fall ist, bietet sich an, denn in der alltäglichen Welt fehlt es uns an Erfahrungen mit so riesigen räumlichen Entfernungen. Diese Abstände sind so groß, dass es sinnlos ist, sie in Metern oder Kilometern zu messen, den Maßeinheiten, in denen wir die meisten Strecken erfassen. Stattdessen verwenden wir das Lichtjahr: die Entfernung, die das Licht in einem Jahr zurücklegt. In einer Sekunde bewältigt ein Lichtstrahl eine Strecke von 300 000 Kilometern, folglich ist ein Lichtjahr eine sehr lange Distanz. Der nächste Stern, von unserer Sonne abgesehen, heißt Proxima Centauri (auch als Alpha Centauri C bezeichnet) und ist rund vier Lichtjahre entfernt. Das ist so weit, dass selbst das schnellste Raumschiff, das unsere Ingenieure heute am Reißbrett entwerfen können, für die Reise etwa 10 000 Jahre brauchen würde.

Im Altertum waren die Menschen sehr bemüht, das Universum zu verstehen, aber sie hatten unsere mathematischen und wissenschaftlichen Voraussetzungen noch nicht entwickelt. Heute verfügen wir über sehr leistungsfähige Werkzeuge: geistige Werkzeuge wie die Mathematik und die wissenschaftliche Methode und technische Werkzeuge wie Computer und Teleskope. Mit Hilfe dieser Werkzeuge haben wir viele Erkenntnisse über das All gewonnen. Doch was wissen wir wirklich vom Universum, und wieso wissen wir es? Woher kommt das Universum, und wohin entwickelt es sich? Hatte es wirklich einen Anfang? Und wenn, was geschah *davor*? Was ist die Zeit? Wird sie je ein Ende finden? Können wir in der Zeit zurückgehen? Neuere Erkenntnisse in der Physik, die teilweise neuen Technologien zu verdanken sind, legen einige Antworten auf diese alten Fragen nahe. Eines Tages werden uns diese Antworten vielleicht so selbstverständlich erscheinen wie die Tatsache, dass die Erde um die Sonne kreist, oder so lächerlich wie der Schildkrötenturm. Nur die Zukunft (egal, wie sie aussehen wird) kann uns eine Antwort darauf geben.

KAPITEL ZWEI

DIE ENTWICKLUNG UNSERES WELTBILDES

OBWOHL NOCH ZUR ZEIT von Christoph Kolumbus viele Menschen glaubten (und vereinzelt sogar heute noch glauben), die Erde sei flach, können wir die Ursprünge der modernen Astronomie bis ins antike Griechenland zurückverfolgen. Um 340 v. Chr. verfasste der griechische Philosoph Aristoteles die Schrift Vom Himmel. Darin brachte er gute Argumente für seine Überzeugung vor, dass die Erde keine flache Scheibe, sondern kugelförmig sei.

Ein Argument stützte sich auf die Mondfinsternis. Aristoteles hatte bemerkt, dass diese Verfinsterungen dadurch erzeugt werden, dass die Erde zwischen Sonne und Mond tritt. Dabei wirft die Erde ihren Schatten auf den Mond und verursacht die Verfinsterung. Aristoteles hatte bemerkt, dass der Schatten immer rund ist. Das kann nur der Fall sein, wenn die Erde eine Kugel und keine flache Scheibe ist. Wäre sie eine Scheibe, könnte der Schatten nur rund sein, wenn die Finsternis zu einem Zeitpunkt einträte, da die Sonne direkt unter dem Mittelpunkt der Scheibe stünde. Ansonsten wäre der Schatten länglich – in der Form einer Ellipse (eine Ellipse ist ein länglicher Kreis).

Die Griechen hatten noch ein weiteres Argument dafür, dass die Erde rund sein muss. Wäre die Erde flach, müsste ein Schiff, das sich vom Horizont her nähert, zuerst als winziger, unbestimmter Fleck erscheinen. Beim Näherkommen wären wir nach und nach in der Lage, Einzelheiten zu erkennen, etwa Segel und Rumpf. Das ist aber nicht der Fall. Wenn sich ein Schiff am Horizont zeigt, sehen wir zunächst die Segel des Schiffes. Erst später erblicken wir den Rumpf. Der Umstand, dass die Masten eines Schiffs, die hoch über den Rumpf aufragen, als erster Teil des Schiffs über dem Horizont auftauchen, ist ein Beweis dafür, dass die Erde eine Kugel ist.

Auch schenkten die Griechen dem Nachthimmel viel Aufmerksamkeit. Zur Zeit von Aristoteles hatte die Menschheit schon seit Jahrhunderten aufgezeichnet, wie sich die Lichter am Nachthimmel bewegten.

Ein Schiff am Horizont

Da die Erde eine Kugel ist, zeigen sich die Masten und Segel eines Schiffes, das über den Horizont kommt, vor dem Rumpf.

Sie hatten bemerkt, dass sich zwar fast all die vielen tausend Lichter, die sie sahen, gemeinsam über den Himmel zu bewegen schienen, fünf von ihnen aber (den Mond nicht mitgezählt) eigene Wege gingen. Sie wichen zwischenzeitlich von der regelmäßigen Ost-West-Route ab, um später zu ihr zurückzukehren. Diese Lichter nannte man Planeten – das griechische Wort für den «Umherschweifenden». Die Griechen beobachteten fünf Planeten, weil man nur fünf mit bloßem Auge sehen kann: Merkur, Venus, Mars, Jupiter und Saturn.

Heute wissen wir, warum die Planeten am Himmel so ungewöhnliche Bahnen ziehen: Während die Sterne sich im Vergleich zu unserem Sonnensystem kaum bewegen, kreisen die Planeten um die Sonne, daher ist die Bewegung der Planeten am Nachthimmel sehr viel komplizierter als die Bewegung der fernen Sterne.

Aristoteles glaubte, die Sonne, der Mond, die Planeten und die Sterne bewegten sich in kreisförmigen Umlaufbahnen um die Erde, während diese in einem unbewegten Zustand verharre, eine Auffassung, der seine mystische Überzeugung zugrunde lag, die Erde sei der Mittelpunkt des Universums und die kreisförmige Bewegung die vollkommenste. Aus dieser Vorstellung entwickelte Ptolemäus im 2. Jahrhundert n. Chr. ein vollständiges kosmologisches Modell. Er betrieb seine Studien mit Leidenschaft. «Wenn ich dem kreisförmigen Lauf der Sterne in ihrer dicht gedrängten Vielfalt voller Entzücken folge», schrieb er, «berühren meine Füße nicht mehr den Erdboden.»

Im ptolemäischen Modell umgaben acht Sphären die Erde. Jede Sphäre war etwas größer als die vorhergehende, ähnlich wie russische Puppen. Die Erde bildete den Mittelpunkt der Sphären. Was jenseits der letzten Sphäre lag, wurde nie deutlich erklärt; mit Sicherheit aber gehörte es nicht zu dem Teil des Universums, der menschlicher Beobachtung zugänglich war. Die äußerste Sphäre war also eine Art Grenze, oder Behältnis, für das Universum. Die Sterne nahmen feste Positionen auf dieser Sphäre ein. Wenn sich die Sphäre drehte, blieben die Sterne daher relativ zueinander in den gleichen Positionen und kreisten gemeinsam, als geschlossene Gruppe, über den Himmel – genauso, wie wir es beobachten. Die inneren Sphären trugen die Planeten. Diese waren auf den jeweiligen Sphären nicht fixiert wie die Sterne, sondern bewegten sich auf ihren Sphären in kleinen Kreisen, so genannten Epizyklen. Durch die Rotation der Planetensphären und die Bewegungen der Planeten auf ihren Sphären entstanden Planetenbahnen, die relativ zur Erde sehr komplex waren.

Das ptolemäische Modell

Im ptolemäischen Modell befand sich die Erde im Mittelpunkt des Universums und war von acht Sphären umgeben, die alle damals bekannten Himmelskörper trugen.

Auf diese Weise konnte Ptolemäus erklären, dass die beobachteten Bahnen der Planeten viel komplizierter als einfache Kreise am Himmel waren.

Das ptolemäische Modell lieferte ein System, das hinreichend genau war, um die Positionen der Himmelskörper vorherzusagen. Doch zur präzisen Vorherbestimmung dieser Positionen musste Ptolemäus von der Voraussetzung ausgehen, der Mond folge einer Bahn, die ihn manchmal doppelt so nahe an die Erde heranführte wie zu den anderen Zeiten. Das wiederum bedeutete, der Mond müsste manchmal doppelt so groß erscheinen wie sonst! Ptolemäus war sich dieser Schwäche seines Systems bewusst. Dennoch wurde es allgemein, wenn auch nicht ausnahmslos, akzeptiert. Die christliche Kirche übernahm es als Bild des Universums, da es sich in Einklang mit der Heiligen Schrift bringen ließ, denn es hatte den großen Vorteil, dass es jenseits der Sphäre der Fixsterne noch genügend Platz für Himmel und Hölle ließ.

Doch 1514 schlug Nikolaus Kopernikus, Domherr zu Frauenburg (Polen), ein anderes Modell vor. (Vielleicht aus Angst, von seiner Kirche als Ketzer gebrandmarkt zu werden, brachte er seine Thesen zunächst anonym in Umlauf.) Kopernikus hatte die revolutionäre Idee, dass nicht alle Himmelskörper die Erde umkreisen müssen. Vielmehr glaubte er, die Sonne ruhe unbewegt im Mittelpunkt des Sonnensystems, während die Erde und die anderen Planeten sich in kreisförmigen Bahnen um die Sonne bewegten. Wie das ptolemäische so bewährte sich auch das kopernikanische Modell recht gut, deckte sich aber nicht vollkommen mit den Beobachtungen. Da es sehr viel einfacher als das ptolemäische Modell war, hätte man erwarten können, dass die Menschen es sich rasch zu Eigen machen würden. Doch es vergingen fast hundert Jahre, bevor die Idee ernst genommen wurde. Dann traten zwei Astronomen – der deutsche Johannes Kepler und der Italiener Galileo Galilei – öffentlich für die kopernikanische Theorie ein.

1609 begann Galilei, den Nachthimmel mit einem Fernrohr zu beobachten, das gerade erfunden worden war. Als er den Planeten Jupiter betrachtete, entdeckte er, dass dieser von einigen kleinen Satelliten oder Monden begleitet wird, die ihn umkreisen. Daraus folgte, dass nicht alle Himmelskörper die Erde direkt umkreisen müssen, wie Aristoteles und Ptolemäus gemeint hatten. Gleichzeitig verbesserte Johannes Kepler die kopernikanische Theorie, indem er vorschlug, dass sich die Planeten nicht auf Kreis-, sondern auf Ellipsenbahnen bewegten. Mit dieser Veränderung der Theorie deckten sich die Vorhersagen plötzlich mit den Beobachtungen. Das war der Todesstoß für das ptolemäische Modell.

Obwohl die elliptischen Bahnen das kopernikanische Modell verbesserten, waren sie nach Keplers Ansicht nur eine provisorische Hypothese. Hintergrund war, dass Kepler einige vorgefasste Ansichten über die Natur besaß, die nicht auf Beobachtungen beruhten: Wie Aristoteles glaubte Kepler einfach, dass Ellipsen weniger vollkommen seien als Kreise. Die Idee, dass sich Planeten auf so unvollkommenen Bahnen bewegen könnten, erschien ihm zu hässlich, um die endgültige Wahrheit sein zu können. Bekümmert war Kepler auch, weil er sie nicht mit seiner Vorstellung in Einklang bringen konnte, dass magnetische Kräfte die Planeten um die Sonne bewegten. Zwar täuschte sich Kepler in der Annahme, magnetische Kräfte seien der Grund für die Planetenbahnen, trotzdem verdanken wir ihm die Erkenntnis, dass es eine Kraft geben muss, die für die Bewegung verantwortlich ist. Warum die Planeten die Sonne wirklich umkreisen, wurde erst viel später erklärt, im Jahr 1687, als Sir Isaac Newton die *Philosophiae naturalis principia mathematica* veröffentlichte, das wahrscheinlich wichtigste physikalische Werk, das je erschienen ist.

In den *Principia* stellte Newton ein Gesetz auf, nach dem Gegenstände, die sich in Ruhe befinden, natürlicherweise immer weiter in Ruhe bleiben, es sei denn, dass eine Kraft auf sie einwirkt, und er beschrieb, wie die Kraftwirkungen einen Gegenstand veranlassen, sich zu bewegen oder seine Bewegung zu verändern. Also warum bewegen sich die Planeten in Ellipsen um die Sonne? Newton sagte, dafür sei eine bestimmte Kraft verantwortlich, und behauptete, es sei dieselbe Kraft, die dafür sorge, dass Gegenstände zur Erde fielen und nicht in Ruhe verharrten, wenn man sie loslasse. Diese Kraft nannte er Gravitation oder Schwerkraft. Außerdem entwickelte Newton eine mathematische Methode, die exakt beschrieb, wie Gegenstände reagieren, wenn eine Kraft wie die Gravitation auf sie einwirkt, und er löste die daraus resultierenden Gleichungen. So konnte er zeigen, dass sich die Erde und die anderen Planeten unter dem Einfluss, den die Gravitation der Sonne ausübt, in Ellipsen bewegen – genauso wie Kepler es vorhergesagt hatte! Newton behauptete, seine Gesetze würden für alle Dinge im Universum gelten, von fallenden Äpfeln bis hin zu Sternen und Planeten. Damit hatte zum ersten Mal in der Geschichte jemand die Bewegung der Planeten mit Gesetzen erklärt, die auch für Bewegungen auf der Erde gelten. Das war der Beginn der modernen Physik und der modernen Astronomie.

Ohne den Begriff der ptolemäischen Sphären gab es keinen Grund mehr für die Annahme, das Universum habe eine natürliche Grenze, die äußerste Sphäre. Da die Sterne im Übrigen ihre Position nicht zu verändern schienen, abgesehen von einer kreisförmigen Bewegung über den Himmel, die durch die Rotation der Erde um die eigenen Achse hervorgerufen wurde, lag die Annahme nahe, dass die Sterne Objekte wie unsere Sonne sind, nur sehr viel weiter entfernt. Damit hatte die Menschheit nicht nur die Idee aufgegeben, dass die Erde der Mittelpunkt des Universums sei, sondern sogar die Vorstellung, dass unsere Sonne und vielleicht sogar unser Sonnensystem privilegierte Teile des Universums seien. Dieses veränderte Weltbild bedeutete einen tief greifenden Wandel des menschlichen Denkens: Er war der Beginn einer wissenschaftlichen Erklärung des Universums.

KAPITEL DREI

DAS WESEN WISSENSCHAFTLICHER THEORIEN

WENN WIR UNS MIT DER BESCHAFFENHEIT des Universums befassen und Fragen erörtern wollen wie die nach seinem Anfang oder seinem Ende, müssen wir eine klare Vorstellung davon haben, was eine wissenschaftliche Theorie ist. Ich werde hier von der einfachen Auffassung ausgehen, dass eine Theorie aus einem Modell des Universums oder eines seiner Teile sowie aus einer Reihe von Regeln besteht, die Größen innerhalb des Modells in Beziehung zu unseren Beobachtungen setzen. Eine Theorie existiert nur in unserer Vorstellung und besitzt keine andere Wirklichkeit (was auch immer das bedeuten mag).

Gut ist eine Theorie, wenn sie zwei Voraussetzungen erfüllt: Sie muss eine große Klasse von Beobachtungen auf der Grundlage eines Modells beschreiben, das nur einige wenige willkürliche Elemente enthält, und sie muss eindeutige Voraussagen über die Ergebnisse künftiger Beobachtungen ermöglichen.

Beispielsweise glaubte Aristoteles an die Theorie des Empedokles, nach der alles aus den vier Elementen Erde, Luft, Feuer und Wasser besteht. Das war einfach genug, um der ersten genannten Bedingung zu genügen, führte aber zu keinen eindeutigen Voraussagen. Newtons Gravitationstheorie dagegen beruhte auf einem noch einfacheren Modell, nach dem sich Körper mit einer Kraft anziehen, die ihrer Masse proportional und dem Quadrat der Entfernung zwischen ihnen umgekehrt proportional ist. Aber sie sagt die Bewegungen der Sonne, des Mondes und der Planeten mit großer Präzision voraus.

Jede physikalische Theorie ist insofern vorläufig, als sie nur eine Hypothese darstellt: Man kann sie nie beweisen. Wie häufig auch immer die Ergebnisse von Experimenten mit einer Theorie übereinstimmen, man kann nie sicher sein, dass das Ergebnis nicht beim nächsten Mal der Theorie widersprechen wird. Dagegen ist eine Theorie widerlegt, wenn man nur eine einzige Beobachtung findet, die nicht mit den aus ihr abgeleiteten Voraussagen übereinstimmt. Wie der Wissenschaftsphilosoph Karl Popper darlegte, zeichnet sich eine gute Theorie dadurch aus, dass sie eine Reihe von Vorhersagen macht, die sich im Prinzip jederzeit durch Beobachtungsergebnisse widerlegen, falsifizieren, lassen. Immer wenn die Beobachtungen aus neuen Experimenten mit den Vorhersagen übereinstimmen, überlebt die Theorie, und man fasst ein bisschen mehr Vertrauen zu ihr; doch sobald man auch nur auf eine Beobachtung stößt, die von den Vorhersagen abweicht, muss man die Theorie aufgeben oder modifizieren.

Zumindest sollte das der Fall sein, doch es sind natürlich stets Zweifel erlaubt an der Fähigkeit derer, welche die Experimente durchführen.

In der Praxis sieht dies oft so aus, dass man eine neue Theorie entwickelt, die in Wahrheit nur eine Erweiterung der vorigen ist. Beispielsweise ergaben sehr genaue Beobachtungen des Planeten Merkur, dass seine Bewegung geringfügig von den Vorhersagen der Newton'schen Gravitationstheorie abweicht. Einsteins allgemeine Relativitätstheorie sagte eine etwas andere Bewegung als Newtons Theorie voraus. Dass die Einstein'schen Vorhersagen im Gegensatz zu den Newton'schen mit dem übereinstimmten, was man sah, gehört zu den entscheidenden Bestätigungen der neuen Theorie. Für alle praktischen Zwecke verwenden wir jedoch nach wie vor Newtons Theorie, weil der Unterschied zwischen ihren Vorhersagen und denen der allgemeinen Relativität in den Situationen, mit denen wir normalerweise zu tun haben, verschwindend klein ist. (Newtons Theorie hat überdies den großen Vorteil, dass es sich mit ihr sehr viel einfacher arbeiten lässt als mit der Einstein'schen!)

Letztlich ist es das Ziel der Wissenschaft, eine einzige Theorie zu finden, die das gesamte Universum beschreibt. In der Praxis aber zerlegen die meisten Wissenschaftler das Problem in zwei Teile: Erstens gibt es die Gesetze, die uns mitteilen, wie sich das Universum im Laufe der Zeit verändert. (Wenn wir wissen, wie das Universum zu einem gegebenen Zeitpunkt aussieht, so teilen uns diese physikalischen Gesetze mit, wie es zu irgendeinem späteren Zeitpunkt aussehen wird.) Zweitens gibt es die Frage nach dem Anfangszustand des Universums. Manche Menschen finden, dass sich die Wissenschaft nur mit dem ersten Teil des Problems befassen sollte; sie halten die Frage nach der Anfangssituation für eine Angelegenheit der Metaphysik oder Religion. Sie würden vorbringen, Gott in seiner Allmacht hätte die Welt in jeder von ihm gewünschten Weise beginnen lassen können. Das mag zutreffen, doch dann hätte er auch ihre Entwicklung in völlig beliebiger Weise gestalten können. Aber anscheinend hat er sich für eine sehr regelmäßige Entwicklung des Universums, für eine Entwicklung in Übereinstimmung mit bestimmten Gesetzen entschieden. Deshalb scheint es genauso vernünftig, anzunehmen, dass es Gesetze gibt, die den Anfangszustand bestimmt haben.

Es hat sich als eine sehr schwierige Aufgabe erwiesen, eine Theorie zu entwickeln, die in einem einzigen Entwurf das ganze Universum beschreibt. Stattdessen zerlegen wir das Problem in einzelne Segmente und arbeiten Teiltheorien aus. Jede dieser Teiltheorien beschreibt eine eingeschränkte Klasse von Beobachtungen und trifft jeweils nur über sie Voraussagen, wobei die Einflüsse anderer Größen außer Acht gelassen oder durch bestimmte Zahlenwerte repräsentiert werden. Vielleicht ist dieser Ansatz völlig falsch. Wenn im Universum grundsätzlich alles von allem abhängt, könnte es unmöglich sein, einer Gesamtlösung näher zu kommen, indem man Teile des Problems isoliert untersucht. Trotzdem haben wir in der Vergangenheit auf diesem Weg zweifellos Fortschritte erzielt.

Das klassische Beispiel ist abermals die Newton'sche Gravitationstheorie, nach der die Schwerkraft zwischen zwei Körpern außer vom Abstand nur von einem mit jedem Körper verknüpften Zahlenwert abhängt, seiner Masse, sonst aber unabhängig von der Beschaffenheit der Körper ist. So braucht man keine Theorie über den Aufbau und Zustand der Sonne und der Planeten, um ihre Umlaufbahnen zu berechnen.

Heute beschreibt die Physik das Universum anhand zweier grundlegender Teiltheorien: der allgemeinen Relativitätstheorie und der Quantenmechanik. Sie sind die großen geistigen Errungenschaften aus der ersten Hälfte des 20. Jahrhunderts. Die allgemeine Relativitätstheorie beschreibt die Schwerkraft und den Aufbau des Universums im Großen, das heißt in der Größenordnung von ein paar Kilometern bis hin zu einer Million Million Million Million (einer 1 mit 24 Nullen) Kilometern, der Größe des beobachtbaren Universums. Die Quantenmechanik dagegen beschäftigt sich mit Erscheinungen in Bereichen von außerordentlich geringer Ausdehnung wie etwa einem millionstel millionstel Zentimeter. Leider sind diese beiden Theorien nicht miteinander in Einklang zu bringen – sie können nicht beide richtig sein. Eine der Hauptanstrengungen in der heutigen Physik (und das zentrale Thema dieses Buchs) ist die Suche nach einer neuen Theorie, die beide Teiltheorien einschließt – nach einer Quantentheorie der Gravitation. Über eine solche Theorie verfügen wir bislang nicht, und möglicherweise sind wir noch weit von ihr entfernt, aber wir kennen bereits viele der Eigenschaften, die sie aufweisen muss. Und wir werden in späteren Kapiteln sehen, dass wir schon einiges über die Voraussagen wissen, die eine Quantentheorie der Gravitation liefern muss.

Wenn man der Meinung ist, das Universum sei nicht willkürlich, sondern werde von bestimmten Gesetzen regiert, muss man die Teiltheorien zu einer vollständigen vereinheitlichten Theorie zusammenfassen, die alles im Universum beschreibt. Es gibt jedoch ein grundlegendes Paradoxon bei der Suche nach einer vollständigen vereinheitlichten Theorie.

Von den Atomen zu den Galaxien
In der ersten Hälfte des 20. Jahrhunderts erweiterten die Physiker ihre Theorien von der alltäglichen Welt Isaac Newtons bis zu den kleinsten und größten Extremen unseres Universums.

Die Vorstellungen über wissenschaftliche Theorie, wie sie oben dargelegt wurden, setzen voraus, dass wir vernunftbegabte Wesen sind, die das Universum beobachten und aus dem, was sie sehen, logische Schlüsse ziehen können. Diese Vorstellung erlaubt es uns, davon auszugehen, dass wir die Gesetze, die unser Universum regieren, immer umfassender verstehen. Doch wenn es tatsächlich eine vollständige einheitliche Theorie gibt, würde sie wahrscheinlich auch unser Handeln bestimmen. Deshalb würde die Theorie selbst die Suche nach ihr determinieren! Und warum sollte sie bestimmen, dass wir aus den Beobachtungsdaten die richtigen Folgerungen ableiten? Könnte sie nicht ebenso gut festlegen, dass wir die falschen oder überhaupt keine Schlüsse ziehen?

Die einzige Antwort, die ich auf dieses Problem weiß, beruht auf Darwins Prinzip der natürlichen Selektion. Danach wird es in jeder Population sich selbst fortpflanzender Organismen bei den verschiedenen Individuen Unterschiede in der Erbanlage und in der Aufzucht geben. Diese Unterschiede bewirken, dass einige Individuen besser als andere in der Lage sind, die richtigen Schlussfolgerungen über die Welt um sie her zu ziehen und entsprechend zu handeln. Für diese Individuen ist die Wahrscheinlichkeit größer, dass sie überleben und sich fortpflanzen, und deshalb werden sich ihr Verhalten und Denken durchsetzen. Für die Vergangenheit trifft sicherlich zu, dass Intelligenz und wissenschaftliche Entdeckungen von Vorteil für unser Überleben waren. Weniger sicher ist, ob dies noch immer der Fall ist: Unsere wissenschaftlichen Entdeckungen könnten uns vernichten, und selbst wenn sie es nicht tun, so wird eine vollständige vereinheitlichte Theorie unsere Überlebenschancen möglicherweise nicht wesentlich verbessern. Doch von der Voraussetzung ausgehend, das Universum habe sich in regelmäßiger Weise entwickelt, können wir erwarten, dass sich die Denk- und Urteilsfähigkeit, mit der uns die natürliche Selektion ausgestattet hat, auch bei der Suche nach einer vollständigen vereinheitlichten Theorie bewähren und uns nicht zu falschen Schlüssen führen wird.

Da die Teiltheorien, die wir bereits haben, von ganz außergewöhnlichen Situationen abgesehen, ausreichen, um genaue Vorhersagen zu liefern, scheint sich die Suche nach der endgültigen Theorie des Universums aus praktischer Sicht nur schwer rechtfertigen zu lassen. (Hier lässt sich allerdings anmerken, dass man ähnliche Einwände auch gegen die Relativitätstheorie und die Quantenmechanik hätte vorbringen können, und dann haben uns diese beiden Theorien die Kernenergie und die mikroelektronische Revolution gebracht!) Möglicherweise wird also die Entdeckung einer vollständigen vereinheitlichten Theorie keinen Beitrag zum Überleben der Menschheit liefern, ja sie wird sich noch nicht einmal auf unsere Lebensweise auswirken. Doch seit den ersten Anfängen ihrer Kultur waren die Menschen nie damit zufrieden, die Welt bloß als unverbundenes und unerklärliches Nebeneinander von Ereignissen zu betrachten. Stets waren sie bemüht, die der Welt zugrunde liegende Ordnung zu verstehen. Nach wie vor haben wir ein unstillbares Bedürfnis zu wissen, warum wir hier sind und woher wir kommen. Das tief verwurzelte Verlangen der Menschheit nach Erkenntnis ist Rechtfertigung genug für unsere fortwährende Suche. Und wir haben dabei kein geringeres Ziel vor Augen als die vollständige Beschreibung des Universums, in dem wir leben.

KAPITEL VIER

NEWTONS UNIVERSUM

UNSERE GEGENWÄRTIGEN VORSTELLUNGEN über die Bewegung von Körpern gehen zurück auf Galilei und Newton. Vorher hielt man sich an Aristoteles, der sagte, der natürliche Zustand eines Körpers sei die Ruhe und er bewege sich nur, wenn eine Triebkraft auf ihn einwirke. Danach müsse ein schwerer Körper schneller als ein leichter fallen, weil er stärker zur Erde gezogen würde.

Nach aristotelischer Tradition war man davon überzeugt, man könne alle Gesetze, die das Universum bestimmen, allein durch das Denken ausfindig machen, und es sei nicht notwendig, sie durch Beobachtungen zu überprüfen. So war vor Galilei niemand daran interessiert, festzustellen, ob Körper von verschiedenem Gewicht tatsächlich mit unterschiedlichen Geschwindigkeiten fallen. Es heißt, Galilei habe die Überzeugung des Aristoteles dadurch widerlegt, dass er Gewichte vom Schiefen Turm von Pisa habe fallen lassen. Die Geschichte ist wahrscheinlich erfunden, aber Galilei tat etwas Vergleichbares: Er ließ verschieden schwere Kugeln eine glatte Schräge hinunterrollen. Die Situation ist ähnlich wie bei senkrecht fallenden schweren Körpern, aber leichter zu beobachten, weil die Geschwindigkeiten geringer sind. Galileis Messungen ließen darauf schließen, dass die Geschwindigkeit aller Körper in gleichem Maße zunahm, unabhängig von ihrem Gewicht. Wenn man beispielsweise eine Kugel einen Hügel hinunterrollen lässt, der auf zehn Meter ein Gefälle von einem Meter aufweist, so wird sich die Kugel nach einer Sekunde mit einer Geschwindigkeit von ungefähr einem Meter pro Sekunde bewegen, nach zwei Sekunden zwei Meter pro Sekunde zurücklegen und so fort, ganz gleich, wie schwer sie ist. Natürlich fällt ein Bleigewicht schneller als eine Feder, aber das ist nur darauf zurückzuführen, dass der Fall der Feder durch den Luftwiderstand gebremst wird. Wenn man zwei Körper ohne nennenswerten Luftwiderstand fallen lässt – zum Beispiel zwei Bleigewichte –, fallen sie einträchtig nebeneinanderher, immer auf gleicher Höhe. (Wir werden gleich sehen, warum.) Als der Astronaut David R. Scott das Experiment mit Feder und Bleigewicht auf dem Mond durchführte, wo es keine Luft gibt, die die Gegenstände hätte abbremsen können, stellte er fest, dass sie tatsächlich im selben Moment den Boden berührten.

Galileis Messungen bildeten die Grundlage der Bewegungsgesetze, die Newton entwickelte. Wenn in Galileis Experimenten ein Körper den Abhang hinunterrollt, wirkt stets dieselbe Kraft auf ihn ein (sein Gewicht), mit dem Effekt, dass seine Geschwindigkeit konstant zunimmt. Dies zeigt, dass die wirkliche Wirkung einer Kraft ganz generell darin besteht, die Geschwindigkeit eines Körpers zu verändern, und nicht nur darin, ihn in Bewegung zu versetzen, wie man früher gedacht hatte. Und es bedeutete zugleich, dass ein Körper, auf den keine Kraft einwirkt, sich geradlinig und mit konstanter Geschwindigkeit fortbewegt. Diesen Gedanken entwickelte erstmals Newton 1687 in seinen *Principia Mathematica*, und er wird als das erste Newton'sche Gesetz bezeichnet. Was mit einem Körper geschieht, wenn eine Kraft auf ihn einwirkt, gibt das zweite Newton'sche Gesetz an: Es besagt, dass der Körper beschleunigt wird, das heißt seine Geschwindigkeit verändert, und zwar proportional zur Kraft. (Bei doppelt so großer Kraft beispielsweise verdoppelt sich auch die Beschleunigung.) Zugleich ist die Beschleunigung umso kleiner, je größer die Masse (oder Materiemenge) des Körpers ist. (Wenn die gleiche Kraft auf einen Körper von doppelter Masse einwirkt, wird die Beschleunigung auf die Hälfte reduziert.) Ein vertrautes Beispiel ist das Auto: Je stärker der Motor, desto größer die Beschleunigung, doch je schwerer das Auto, desto geringer die Beschleunigung bei gleichem Motor.

Neben den Bewegungsgesetzen, die beschreiben, wie Körper auf Kräfte reagieren, erläutert Newtons Gravitationstheorie auch, wie wir die Stärke einer bestimmten Kraftart, der Gravitation, bestimmen können. Wie beschrieben, besagt diese Theorie, dass jeder Körper jeden anderen mit einer Kraft anzieht, die der Masse jedes der beiden Körper proportional ist. Die Kraft zwischen zwei Körpern A und B wäre also zweimal so groß, würde sich die Masse eines der Körper (sagen wir von A) verdoppeln. Das entspricht auch der Erwartung, denn man kann sich vorstellen, der neue Körper A sei aus zwei Körpern der ursprünglichen Masse entstanden. Jeder würde Körper B mit der ursprünglichen Kraft anziehen.

Damit wäre die Gesamtkraft zwischen A und B doppelt so groß wie die ursprüngliche Kraft. Und wenn einer der Körper die sechsfache Masse oder einer die doppelte und der andere die dreifache Masse hätte, dann wäre die Kraft sechsmal so groß.

Nun wird ersichtlich, warum alle Körper gleich schnell fallen. Nach Newtons Gravitationsgesetz wird ein Körper mit doppeltem Gewicht mit doppelter Schwerkraft zu Boden gezogen, aber er besitzt auch die doppelte Masse, was nach Newtons zweitem Gesetz nur die halbe Beschleunigung pro Krafteinheit bedeutet. Nach dem zweiten Newton'schen Gesetz heben sich diese beiden Wirkungen exakt auf, sodass die Beschleunigung in allen Fällen gleich ist.

Ferner ist nach Newtons Gravitationsgesetz die Kraft umso schwächer, je weiter die Körper voneinander entfernt sind. Newtons Gravitationsgesetz sagt aus, dass die Massenanziehung eines Sterns genau ein Viertel derjenigen eines ähnlichen Sterns beträgt, der halb so weit entfernt ist. Es sagt die Umlaufbahnen der Erde, des Mondes und der Planeten mit großer Genauigkeit vorher. Gäbe es ein Gesetz, dem zufolge die Anziehung rascher oder weniger rasch mit der Entfernung abnähme, wären die Umlaufbahnen der Planeten nicht elliptisch, sondern würden entweder spiralförmig auf die Sonne zulaufen oder sich immer weiter von ihr entfernen.

Der große Unterschied zwischen den Vorstellungen des Aristoteles auf der einen und denen Galileis und Newtons auf der anderen Seite liegt darin, dass jener an einen bevorzugten Ruhezustand glaubte, den jeder Körper einnehmen würde, wenn nicht irgendeine Kraft, irgendein Antrieb auf ihn einwirkte. Vor allem meinte er, die Erde befände sich im Ruhezustand. Doch aus den Newton'schen Gesetzen folgt, dass es kei-

Gravitationsanziehung zusammengesetzter Körper
Wenn sich die Masse eines Körpers verdoppelt, verdoppelt sich auch die Gravitationskraft, die er ausübt.

nen eindeutigen Ruhezustand gibt. Man kann mit gleichem Recht sagen, dass sich Körper A in Ruhe befindet, während sich Körper B, bezogen auf Körper A, mit gleich bleibender Geschwindigkeit bewegt, oder dass Körper B unbeweglich verharrt, während Körper A sich bewegt. Wenn wir beispielsweise die Erdumdrehung und die Kreisbahn unseres Planeten um die Sonne einen Moment lang unberücksichtigt lassen, so könnten wir entweder sagen, dass die Erde sich in Ruhe befindet, während ein Zug auf ihrer Oberfläche mit hundertfünfzig Stundenkilometern nordwärts fährt, oder dass der Zug sich im Ruhezustand befindet, während sich die Erde mit hundertfünfzig Stundenkilometern südwärts bewegt. Führte jemand im Zug Experimente mit sich bewegenden Körpern durch, würden auch dort Newtons Gesetze gelten.

Hat Newton Recht oder Aristoteles, und wie können wir das entscheiden?

Unter anderem lässt es sich folgendermaßen testen: Stellen Sie sich vor, Sie sind in eine Kiste eingeschlossen und wissen nicht, ob sie sich in einem fahrenden Zug befindet oder auf festem Boden, Letzteres laut Aristoteles der bevorzugte Ruhezustand. Könnten Sie es merken, hätte Aristoteles wohl Recht – dann wäre es etwas Besonderes, relativ zum Erdboden zu ruhen. In Wirklichkeit gilt aber: Würden Sie Experimente in Ihrer Kiste auf dem Zug ausführen, würden sie genauso ausgehen wie in der Kiste auf dem «ruhenden» Bahnsteig (vorausgesetzt, der Zug würde vollkommen stoßfrei fahren). Beim Tischtennisspiel im Zug würde sich der Ball genauso verhalten wie beim Spiel am Gleis. Und befänden Sie sich in Ihrer Kiste und spielten Sie das Spiel bei verschiedenen Geschwindigkeiten relativ zur Erde, sagen wir bei 0, 80 und 150 Stundenkilometern, böte der Ball in allen Situationen das gleiche Bild. So verhält sich die Welt, und so spiegelt sie die Mathematik der Newton'schen Gesetze wider: Es gibt keine Möglichkeit zu entscheiden, ob sich die Erde oder der Zug bewegt. Der Bewegungsbegriff ist nur bedeutungsvoll, wenn er sich auf andere Gegenstände bezieht.

Spielt es wirklich eine Rolle, ob Aristoteles oder Newton Recht hat? Ist es nur eine Frage der Auffassung, der Philosophie oder hat es Bedeutung für die Wissenschaft? Tatsächlich bedeutet das Fehlen eines absoluten Zustands der Ruhe, dass man nicht bestimmen kann, ob zwei aufeinander folgende Ereignisse am gleichen Ort im Raum stattfanden.

Nehmen wir zum besseren Verständnis an, der Tischtennisball in der Bahn springt senkrecht hoch und runter, sodass er im Abstand von einer Sekunde zweimal an derselben Stelle des Tisches aufprallt. Für den Be-

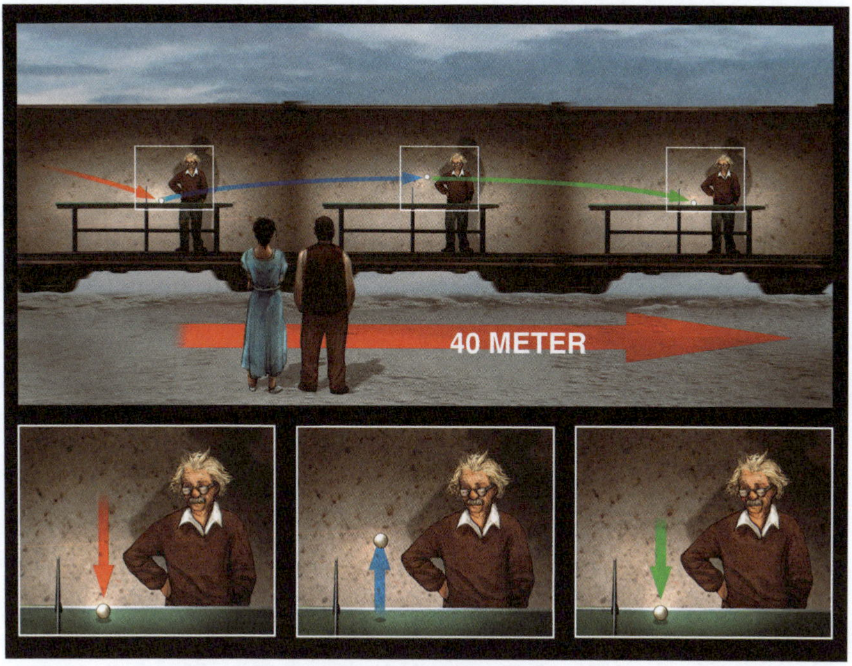

Die Relativität der Entfernung
Die Entfernung – und der Weg –, die ein Objekt zurücklegt, kann für verschiedene Beobachter unterschiedlich aussehen.

obachter im Zug haben die Orte des ersten und zweiten Aufpralls einen räumlichen Abstand von null. Für jemanden, der am Gleis steht, würden die beiden Rücksprünge des Balls etwa vierzig Meter auseinander liegen, weil der Zug diese Strecke in der Zwischenzeit zurückgelegt hätte. Laut Newton haben die beiden Beobachter das gleiche Recht, sich als ruhend anzusehen, daher sind beide Auffassungen gleichermaßen akzeptabel. Anders, als Aristoteles meinte, ist keine Auffassung der anderen vorzuziehen. Die beobachteten Positionen der Ereignisse und die Entfernungen zwischen ihnen sind für einen Beobachter im Zug und für einen Beobachter an den Gleisen verschieden, und es gibt keinen Grund, die Beobachtungen des einen denen des anderen vorzuziehen.

Dieses Fehlen einer absoluten Position oder eines absoluten Raums, wie man sagte, machte Newton schwer zu schaffen, weil es nicht in Einklang zu bringen war mit seiner Vorstellung von einem absoluten Gott. Ja, er weigerte sich, diesen Mangel hinzunehmen, obwohl er sich aus seinen Gesetzen ergab. Wegen dieser irrationalen Überzeugung wurde er von vielen kritisiert, vor allem von Bischof Berkeley, einem Philosophen, der alle materiellen Gegenstände ebenso wie Zeit und Raum für bloße Täuschung hielt. Als der berühmte Dr. Johnson von Berkeleys Ansichten hörte, rief er aus: «Das widerlege ich so», und stieß mit seinem Zeh gegen einen großen Stein.

Aristoteles wie Newton glaubten an eine absolute Zeit. Das heißt, sie meinten, man könnte das Zeitintervall zwischen zwei Ereignissen eindeutig bestimmen, und diese Zeit wäre stets die gleiche, wer auch immer sie messe – vorausgesetzt, es würden gute Uhren verwendet. Im Gegensatz zum absoluten Raum war die absolute Zeit in Einklang mit Newtons Gesetzen. Das entsprach nach Ansicht der meisten Menschen auch dem gesunden Menschenverstand. Doch im 20. Jahrhundert wurde den Physikern klar, dass sie ihre Vorstellungen über Zeit und Raum verändern mussten. Wie wir sehen werden, entdeckten sie, dass vom Beobachter abhängt, wie viel Zeit zwischen zwei Ereignissen vergeht –

genauso wie der räumliche Abstand zwischen den Aufprallpunkten des Tischtennisballs vom Beobachter abhängt. Ferner entdeckten sie, dass die Zeit nicht vollkommen getrennt und unabhängig vom Raum ist. Entscheidend für diese Erkenntnisse war die Einsicht in bislang unbekannte Eigenschaften des Lichts. Sie mögen unserer Alltagserfahrung widersprechen, indes, unsere scheinbar vernünftigen Vorstellungen bewähren sich zwar beim Umgang mit Dingen wie Äpfeln oder Planeten, die sich vergleichsweise langsam bewegen, versagen aber bei allen Objekten, die mit oder fast mit Lichtgeschwindigkeit reisen.

KAPITEL FÜNF

RELATIVITÄTSTHEORIE

DASS LICHT SICH MIT EINER ENDLICHEN, wenn auch sehr hohen Geschwindigkeit bewegt, wurde erstmals 1676 von dem dänischen Astronomen Ole Christensen Rømer entdeckt. Wenn Sie die Jupitermonde beobachten, stellen Sie fest, dass sie von Zeit zu Zeit aus Ihrem Sichtfeld verschwinden, weil sie dann einer Bahn hinter dem Riesenplaneten folgen. Diese Verfinsterungen der Jupitermonde müssten eigentlich in regelmäßigen Zeitabständen erfolgen. Doch Rømer stellte fest, dass die Intervalle der Verfinsterungen keineswegs gleich waren. Bewegten sich die Monde in ihren Bahnen aus irgendeinem Grund mal schneller und mal langsamer? Rømer hatte eine andere Erklärung. Würde sich das Licht mit unendlicher Geschwindigkeit ausbreiten, sähen wir auf der Erde die Verfinsterungen in regelmäßigen Intervallen genau zu dem Zeitpunkt, da sie stattfänden, wie das Ticken einer kosmischen Uhr. Weil das Licht jede Entfernung ohne Zeitverzögerung zurücklegte, wäre es egal, ob Jupiter der Erde näher oder ferner stünde – an der Situation würde sich nichts ändern.

Stellen Sie sich nun vor, dass sich das Licht mit endlicher Geschwindigkeit ausbreitet. Dann sehen wir jede Verfinsterung, erst einige Zeit nachdem sie stattgefunden hat. Diese Verzögerung richtet sich nach der Lichtgeschwindigkeit *und* der Entfernung Jupiters von der Erde. Würde Jupiter seine Entfernung von der Erde nicht verändern, wäre die Verzögerung bei jeder Verfinsterung die gleiche. Doch gelegentlich kommt Jupiter der Erde etwas näher. In diesem Fall hat das «Signal» jeder aufeinander folgenden Finsternis eine jeweils kürzere Entfernung zurückzulegen und erreicht uns jedes Mal ein wenig früher, als wenn Jupiter in konstanter Entfernung verharrte. Umgekehrt erblicken wir die Verfinsterungen jedes Mal ein wenig später, wenn sich Jupiter von der Erde entfernt.

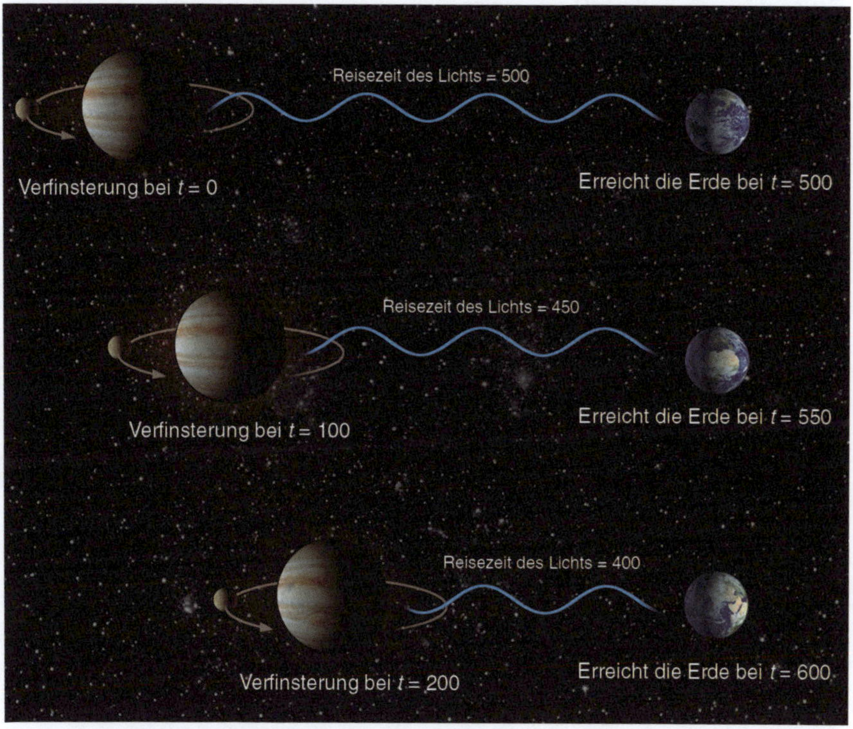

Lichtgeschwindigkeit und zeitliche Abfolge der Verfinsterungen
Die beobachteten Zeiten von Jupiters Mondfinsternissen richten sich nach der tatsächlichen Zeit der Verfinsterungen und der Zeit, die das Licht für den Weg von Jupiter zur Erde braucht. Daher scheinen die Verfinsterungen häufiger aufzutreten, wenn Jupiter sich auf die Erde zubewegt, und weniger häufig, wenn er sich von ihr entfernt. Dieser Effekt wird hier zur Verdeutlichung übertrieben.

Wie viel früher oder später diese Signale eintreffen, hängt, wie gesagt, von der Lichtgeschwindigkeit ab, und dieser Umstand ermöglicht es uns, sie zu messen. Genau das tat Rømer: Er bemerkte, dass die Verfinsterungen früher erfolgen, wenn sich die Erde der Jupiterbahn näherte, und später, wenn sich die Erde von ihr entfernte; aus diesem Unterschied errechnete er den Wert der Lichtgeschwindigkeit. Allerdings hatte er die Entfernungsschwankungen zwischen Erde und Jupiter nicht sehr genau gemessen; so kam er auf eine Lichtgeschwindigkeit von 224000 Kilometern pro Sekunde, während man heute von 300000 Kilometern pro Sekunde ausgeht. Doch dies soll die bemerkenswerte Leistung Rømers, der nicht nur bewies, dass sich das Licht mit endlicher Geschwindigkeit bewegt, sondern diese Geschwindigkeit auch maß, keineswegs schmälern – veröffentlichte er doch seine Ergebnisse elf Jahre vor Newtons *Principia Mathematica.*

Eine zufrieden stellende Theorie über die Ausbreitung des Lichts schlug erst 1865 der englische Physiker James Clerk Maxwell vor, dem es gelang, die Teiltheorien zu vereinigen, mit denen man bis dahin die Kräfte der Elektrizität und des Magnetismus beschrieben hatte. Obwohl Elektrizität und Magnetismus seit der Antike bekannt waren, formulierten der britische Chemiker Henry Cavendish und der französische Physiker Charles-Augustin de Coulomb erst im 18. Jahrhundert die quantitativen Gesetze, denen die elektrische Kraft zwischen zwei geladenen Körpern gehorcht. Einige Jahrzehnte später, Anfang des 19. Jahrhunderts, stellten zahlreiche Physiker entsprechende Gesetze für die magnetischen Kräfte auf. Maxwell wies mathematisch nach, dass diese elektrischen und magnetischen Kräfte nicht so zustande kommen, dass Teilchen direkt aufeinander einwirken; vielmehr erzeugt jede elektrische Ladung und jeder elektrische Strom im umgebenden Raum ein Feld, das eine Kraft auf jede andere Ladung und jeden anderen Strom in diesem Raum ausübt. Maxwell stellte fest, dass ein einziges Feld die elektrische und magnetische Kraft vermittelt; folglich sind Elektrizität und Magnetismus untrennbare Aspekte derselben Kraft. Diese Kraft nannte er die elektromagnetische Kraft und das Feld, das sie trägt, das elektromagnetische Feld.

Aus Maxwells Gleichungen folgte, dass es zu wellenartigen Störungen im zusammengeführten elektromagnetischen Feld kommen könne und dass diese sich mit einer konstanten Geschwindigkeit wie Wellen in einem Teich bewegen würden. Als er diese Geschwindigkeit berechnete,

Wellenlänge
Die Wellenlänge ist der Abstand zwischen aufeinander folgenden Wellenbergen oder Wellentälern.

stellte er fest, dass sie exakt der Lichtgeschwindigkeit entsprach! Heute wissen wir, dass Maxwells Wellen für das menschliche Auge sichtbar sind, solange sie eine Wellenlänge zwischen vierzig und achtzig Millionstelmeter haben. (Eine Welle ist eine Abfolge von Wellenbergen und -tälern, und die Wellenlänge ist der Abstand zwischen aufeinander folgenden Bergen oder Tälern.) Wellen mit Längen, die kürzer als das sichtbare Licht sind, bezeichnen wir heute als ultraviolettes Licht, Röntgen- und Gammastrahlen. Wellen mit größeren Längen sind nach modernem physikalischem Verständnis Radiowellen (ein Meter oder mehr), Mikrowellen (rund ein Zentimeter) oder Infrarotlicht (weniger als ein zehntausendstel Zentimeter, aber länger als für das sichtbare Spektrum).

Aus Maxwells Theorie folgte, dass sich Radio- oder Lichtwellen mit einer bestimmten konstanten Geschwindigkeit bewegen. Das ließ sich schwer mit Newtons Theorie in Einklang bringen, die besagte, dass es keinen absoluten Ruhepunkt gibt, denn wenn es keinen solchen Ruhepunkt gibt, so sollte man meinen, lässt sich auch kein allgemein verbindliches Einverständnis über die Geschwindigkeit eines Objekts erzielen. Um das zu verstehen, stellen wir uns noch einmal vor, Sie spielen im Zug Tischtennis. Wenn Sie den Ball in Richtung Spitze des Zuges schlagen, und zwar mit einer Geschwindigkeit, die ihr Gegner mit zehn Stundenkilometern misst, erwarten Sie, dass ein Beobachter auf dem Bahnsteig die Geschwindigkeit des Balls mit 160 Stundenkilometern bestimmt – die 10, mit denen der Ball sich relativ zum Zug bewegt, plus der 150, mit denen sich der Zug relativ zum Bahnsteig bewegt. Wie groß ist nun die Geschwindigkeit des Balls, 10 Stundenkilometer oder 160? Wie definieren wir sie – relativ zum Zug oder relativ zur Erde? Ohne einen absoluten Ruhepunkt können wir dem Ball keine absolute Geschwindigkeit zuschreiben. Demselben Ball könnte jede andere Geschwindigkeit zugeschrieben werden, je nach dem Bezugssystem, in dem man die Geschwindigkeit misst.

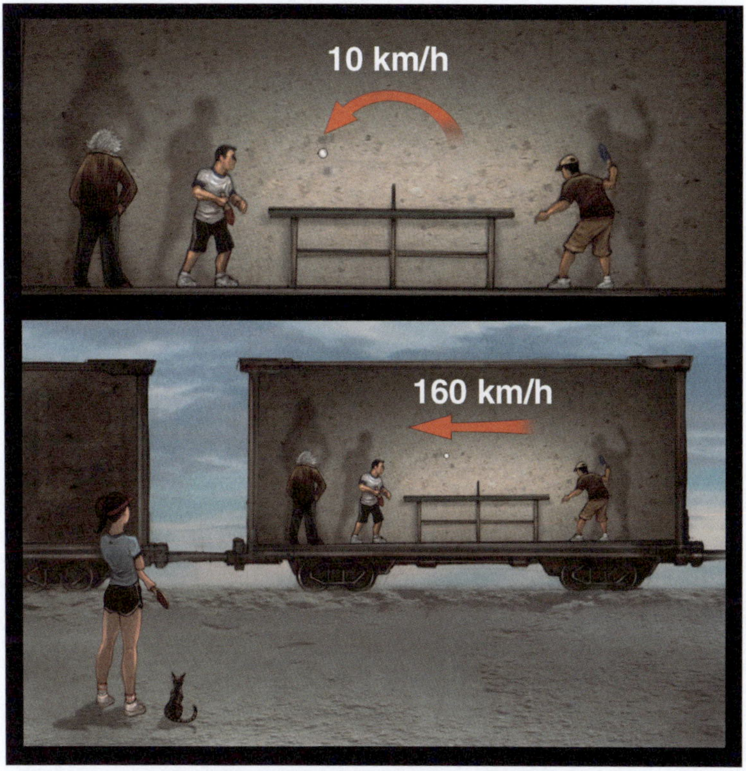

Die unterschiedlichen Geschwindigkeiten des Tischtennisballs
Nach der Relativitätstheorie sind die Ergebnisse, die verschiedene Beobachter erzielen, wenn sie die Geschwindigkeit eines Objekts messen, gleichermaßen gültig, auch wenn die Geschwindigkeiten nicht übereinstimmen.

Gemäß Newtons Theorie muss das Gleiche für das Licht gelten. Was bedeutet es also in Maxwells Theorie, dass sich Lichtwellen mit einer bestimmten konstanten Geschwindigkeit fortbewegen?

Um Maxwells Theorie mit Newtons Gesetzen zu versöhnen, ging man von der Existenz eines Stoffes aus, des so genannten «Äthers», der überall, sogar im Vakuum des «leeren» Raums, vorhanden sei. Der Ätherbegriff besaß eine gewisse Anziehungskraft für Wissenschaftler, die glaubten, dass die Wellen der elektromagnetischen Energie irgendein Trägermedium brauchten – so wie Wasserwellen das Wasser und Schallwellen die Luft brauchen. Nach dieser Auffassung bewegen sich Lichtwellen durch den Äther, wie Schallwellen durch die Luft wandern. Die «Geschwindigkeit», die sich aus Maxwells Gleichungen für die Lichtwellen ergibt, muss daher relativ zum Äther gemessen werden. Danach würden verschiedene Beobachter das Licht mit verschiedenen Geschwindigkeiten auf sich zukommen sehen, doch die Lichtgeschwindigkeit relativ zum Äther bliebe immer gleich.

Diese Idee ließ sich testen. Stellen Sie sich Licht vor, das von einer Quelle ausgesandt wird. Nach der Äthertheorie müsste es sich mit Lichtgeschwindigkeit durch den Äther bewegen. Wenn Sie sich durch den Äther auf das Licht zubewegen, muss die Geschwindigkeit, mit der Sie sich dem Licht nähern, die Summe aus der Geschwindigkeit des Lichts durch den Äther und Ihrer Geschwindigkeit durch den Äther sein. Das Licht nähert sich Ihnen rascher, als wenn Sie sich, sagen wir, nicht oder in eine andere Richtung bewegten. Doch da die Lichtgeschwindigkeit im Vergleich zu den Geschwindigkeiten, mit denen wir uns bewegen können, extrem hoch ist, war dieser Geschwindigkeitsunterschied sehr schwer zu messen.

1887 führten Albert Michelson (der später als erster Amerikaner den Nobelpreis für Physik erhielt) und Edward Morley an der Case School of Applied Science in Cleveland mit großer Sorgfalt ein Experiment durch. Sie erkannten, dass sich ihr Labor mit einer relativ hohen Geschwindigkeit durch den Äther bewegen musste, da die Erde die Sonne mit einer Geschwindigkeit von rund 30 Kilometern pro Sekunde umkreist. Natürlich wusste niemand, in welche Richtung oder wie schnell sich der Äther relativ zur Sonne bewegte – oder ob er sich überhaupt bewegte. Doch sie hofften, diesen unbekannten Faktor dadurch klären zu können, dass sie das Experiment zu verschiedenen Jahreszeiten wiederholten, also zu Zeitpunkten, wo sich die Erde auf verschiedenen Positionen ihrer Bahn befand. Daher führten Michelson und Morley ein Experiment durch, bei dem sie die Lichtgeschwindigkeit in Richtung der Erdbewegung durch den Äther (wenn wir uns auf die Lichtquelle zubewegen) mit der im rechten Winkel zur Erdbewegung (wenn wir uns nicht auf die Lichtquelle zubewegen) verglichen. Zu ihrer großen Überraschung stellten sie fest, dass die beiden Geschwindigkeiten völlig identisch waren.

Zwischen 1887 und 1905 wurden zahlreiche Versuche unternommen, die Äthertheorie zu retten. Auf besonders bemerkenswerte Weise von dem holländischen Physiker Hendrik Lorentz, der versuchte, die Ergebnisse des Michelson-Morley-Experiments dadurch zu erklären, dass sich Gegenstände zusammenziehen und Uhren langsamer gehen, wenn sie sich durch den Äther bewegen. Doch im Jahre 1905 erklärte ein bis dahin unbekannter Beamter des Eidgenössischen Patentamtes Bern – Albert Einstein – in einem berühmten Aufsatz, die ganze Vorstellung vom Äther sei überflüssig, vorausgesetzt, man sei bereit, die Vorstellung von der absoluten Zeit aufzugeben (wir werden gleich sehen, warum!). Einen ähnlichen Gedanken äußerte ein paar Wochen später Henri Poincaré, ein führender französischer Mathematiker. Einsteins Argumente waren überwiegend an der Physik ausgerichtet, während Poincaré das Problem aus rein mathematischer Sicht betrachtete und Einsteins Interpretation der Theorie bis zu seinem Tod nicht akzeptierte.

Einsteins Relativitätsprinzip, das Grundpostulat seiner Relativitätstheorie, wie die neue Theorie bald genannt wurde, besagt, dass die Naturgesetze für alle bewegten Beobachter unabhängig von ihrer Geschwindigkeit gleich sein müssen. Das traf zwar schon auf Newtons Bewegungsgesetze zu, doch nun dehnte Einstein das Prinzip auch auf Maxwells Theorie und die Lichtgeschwindigkeit aus. Mit anderen Worten, da Maxwells Theorie vorschreibt, dass die Lichtgeschwindigkeit einen gegebenen Wert besitzt, muss jeder bewegte Beobachter denselben Wert messen, egal, wie schnell er sich auf die Lichtquelle zu- oder von ihr fortbewegt. Diese einfache Idee erklärte sicherlich – und zwar ohne Rückgriff auf den Äther oder irgendein anderes privilegiertes Bezugssystem – die Bedeutung der Lichtgeschwindigkeit in Maxwells Gleichungen, doch sie hatte auch einige bemerkenswerte und häufig erwartungswidrige Konsequenzen.

Die Bedingung beispielsweise, dass alle Beobachter Einigkeit darüber erzielen müssen, wie schnell das Licht sich bewegt, zwingt uns, unseren Zeitbegriff zu verändern. Stellen wir uns noch einmal den rasenden Zug vor. In Kapitel vier haben wir gesehen, dass jemand im Zug, der einen auf und ab springenden Tischtennisball beobachtet, erklärt, der Ball lege nur wenige Zentimeter zurück, ein Beobachter auf dem Bahnsteig hingegen, es seien vierzig Meter. Wenn der Beobachter im Zug eine Taschenlampe anknipste, wären sich die beiden Beobachter gleichfalls nicht einig darüber, welche Entfernung das Licht zurückgelegt hat. Über die Lichtgeschwindigkeit können sie sich nur einig werden, wenn sie auch über die benötigte Zeit kein Einverständnis erzielen. Mit anderen Worten, die Relativitätstheorie verlangt von uns, die absolute Zeit aufzugeben! Stattdessen muss jeder Beobachter sein eigenes Zeitmaß haben, das von seiner mitgeführten Uhr gemessen wird. Baugleiche Uhren, die von verschiedenen Beobachtern getragen werden, müssen in ihren Angaben nicht unbedingt übereinstimmen.

In der Relativitätstheorie besteht keine Notwendigkeit, einen Äther anzunehmen, dessen Existenz sowieso nicht nachgewiesen werden könnte, wie das Michelson-Morley-Experiment gezeigt hat. Stattdessen zwingt uns die Relativitätstheorie, unsere Vorstellungen von Raum und

Zeit grundlegend zu verändern. Wir müssen uns mit dem Gedanken anfreunden, dass die Zeit nicht völlig losgelöst und unabhängig vom Raum existiert, sondern sich mit ihm zu einem Gebilde verbindet, das wir Raumzeit nennen. Diese Ideen sind nicht unmittelbar einleuchtend. Die Relativitätstheorie brauchte Jahre, um sich in der physikalischen Gemeinschaft durchzusetzen. Es ist ein Beweis für Einsteins Vorstellungskraft, dass er in der Lage war, die Theorie zu entwickeln, und für sein Vertrauen in die eigene Logik, dass er sie zu Ende dachte, trotz der seltsamen Konsequenzen, die sich aus ihr zu ergeben schienen.

Aus der alltäglichen Erfahrung wissen wir, dass man die Position eines Punktes im Raum durch drei Zahlen – Koordinaten – angeben kann. Beispielsweise kann man sagen, dass ein Punkt in einem Zimmer sieben Meter von der einen Wand, drei Meter von einer anderen und fünf Meter vom Fußboden entfernt ist. Oder man kann einem Punkt einen Breitengrad, einen Längengrad und eine Höhe über dem Meeresspiegel zuweisen. Es steht uns frei, jeden beliebigen Dreiersatz von geeigneten Koordinaten zu verwenden, auch wenn es in der Praxis deutliche Einschränkungen gibt, welche Koordinaten geeignet sind: Sicherlich würde man die Position des Mondes nicht in Kilometern nördlich und westlich vom Kölner Dom und in Metern über dem Meeresspiegel angeben. Stattdessen könnte man sie durch die Entfernung von der Sonne bestimmen, durch den Abstand von der Bahnebene der Planeten und durch den Winkel, den die Verbindungslinie von Mond und Sonne und die Verbindungslinie zwischen der Sonne und einem nahe gelegenen Stern wie Proxima Centauri bilden. Selbst diese Koordinaten wären nur von sehr begrenztem Wert, um die Position der Sonnen in unserer Galaxis oder die Position unserer Galaxis in der lokalen Galaxiengruppe zu beschreiben. Tatsächlich könnte man das ganze Universum als eine Reihe einander überschneidender Flecken beschreiben. In jedem von ihnen ließe sich eine andere Kollektion von drei Koordinaten benutzen, um die Position eines Punktes anzugeben.

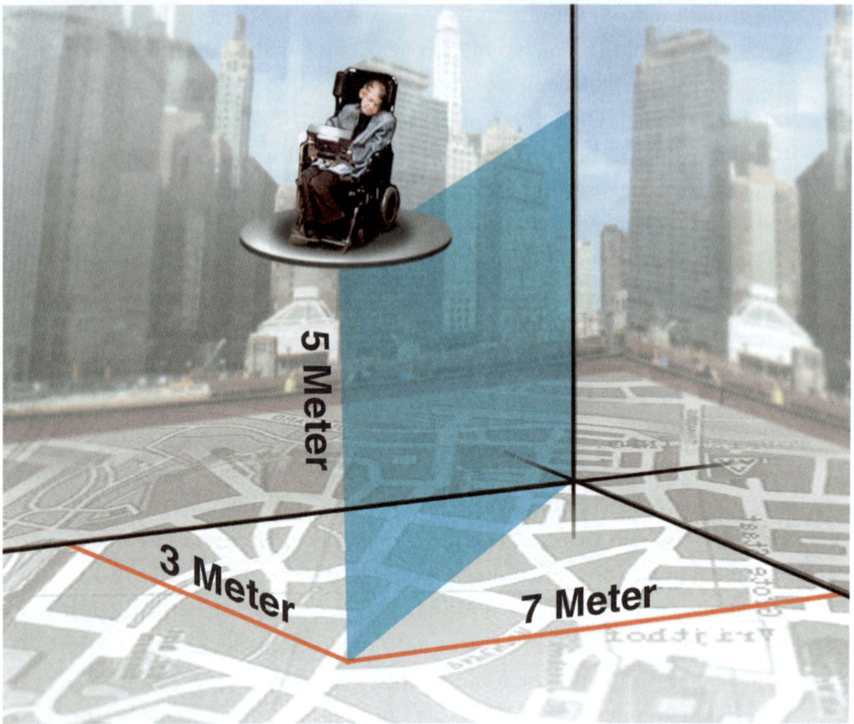

Koordinaten im Raum

Wenn wir sagen, dass der Raum drei Dimensionen hat, meinen wir, dass drei Zahlen oder Koordinaten nötig sind, um die Position eines Punktes vollständig zu beschreiben. Wenn wir zu unserer Beschreibung die Zeit hinzunehmen, wird der Raum zur Raumzeit mit vier Dimensionen.

In der Raumzeit der Relativitätstheorie lässt sich jedes Ereignis – das heißt alles, was an einem bestimmten Punkt im Raum und zu einer bestimmten Zeit geschieht – durch *vier* Zahlen oder Koordinaten bestimmen. Wiederum ist die Wahl der Koordinaten beliebig: Jedes System von drei hinreichend definierten Raumkoordinaten und jedes Zeitmaß ist zulässig. Die Relativitätstheorie unterscheidet im Grunde nicht zwischen Raum- und Zeitkoordinaten, wie es in ihr auch keinen wirklichen Unterschied zwischen zwei beliebigen Raumkoordinaten gibt. Man könnte ein neues Koordinatensystem wählen, in dem etwa die erste Raumkoordinate eine Kombination der ersten und zweiten aus dem alten System ist. Statt beispielsweise die Position eines Punktes auf der Erde in Kilometern nördlich und westlich vom Kölner Dom zu messen, könnte man auch die Kilometerzahl nordwestlich und die nordöstlich von ihm verwenden. Entsprechend könnte man in der Relativitätstheorie die alte Zeit (in Sekunden) und die nördliche Entfernung (in Lichtsekunden) vom Kölner Dom zu einer neuen Zeitkoordinate kombinieren.

Eine andere allgemein bekannte Konsequenz der Relativitätstheorie ist die Äquivalenz von Masse und Energie, die in Einsteins berühmter Gleichung $E = mc^2$ zusammengefasst ist (wobei E die Energie ist, m die Masse und c die Lichtgeschwindigkeit). Häufig wird diese Gleichung verwendet, um zu berechnen, wie viel Energie erzeugt würde, wenn man, sagen wir, ein Klümpchen Materie in reine elektromagnetische Strahlung verwandeln würde. (Da die Lichtgeschwindigkeit eine große Zahl ist, lautet die Antwort: eine Menge – die Materie, die in der Hiroshima-Bombe in Energie umgewandelt wurde, wog weniger als ein Gramm.) Doch die Gleichung teilt uns weiter mit, dass wir, wenn wir die Energie eines Objekts erhöhen, auch seine Masse vergrößern, das heißt seinen Widerstand gegen eine Beschleunigung oder Geschwindigkeitsveränderung.

Eine Form von Energie ist die Bewegungsenergie oder kinetische Energie. Wie wir Energie brauchen, um unser Auto in Bewegung zu versetzen, so ist Energie erforderlich, um die Geschwindigkeit jedes anderen Objekts zu erhöhen. Die kinetische Energie eines bewegten Objekts ist identisch mit der Energie, die Sie aufwenden müssen, um es in Bewegung zu versetzen. Daher gilt, je rascher sich ein Objekt bewegt, desto mehr kinetische Energie besitzt es. Infolge der Äquivalenz von Energie und Masse muss die Energie, die ein Objekt aufgrund seiner Bewegung besitzt, zu seiner Masse hinzukommen. Mit anderen Worten: Sie erschwert es ihm, seine Geschwindigkeit weiter zu steigern.

Von ausschlaggebender Bedeutung ist dieser Effekt allerdings nur bei Objekten, deren Geschwindigkeit der des Lichtes nahe kommt. Beispielsweise ist bei 10 Prozent der Lichtgeschwindigkeit die Masse eines Objekts nur 0,5 Prozent größer als normal, während sie bei 90 Prozent der Lichtgeschwindigkeit mehr als doppelt so groß wie normal wäre. Je mehr sich das Objekt der Lichtgeschwindigkeit nähert, desto rascher wächst seine Masse, sodass mehr und mehr Energie erforderlich ist, es noch weiter zu beschleunigen. Nach der Relativitätstheorie kann es die Lichtgeschwindigkeit niemals erreichen, weil seine Masse dann unendlich würde und weil es dazu aufgrund der Äquivalenz von Masse und Energie einer unendlichen Energie bedürfte. Aus diesem Grund ist jedes normale Objekt durch die Relativitätstheorie dazu verurteilt, sich mit Geschwindigkeiten unterhalb der Lichtgeschwindigkeit fortzubewegen. Nur das Licht oder andere Wellen, die keine Ruhmasse haben, können sich mit Lichtgeschwindigkeit ausbreiten.

Einsteins Relativitätstheorie aus dem Jahr 1905 heißt spezielle Relativitätstheorie. Ihren Namen verdankte sie dem Umstand, dass sie zwar sehr befriedigend erklärte, warum die Lichtgeschwindigkeit allen Beobachtern gleich erscheint und was geschieht, wenn sich Objekte mit Geschwindigkeiten nahe der des Lichts bewegen, dass sie aber im Widerspruch zur Newton'schen Gravitationstheorie stand. Newtons Theorie besagte, dass sich Objekte stets mit einer Kraft anziehen, deren Größe von der Entfernung zwischen ihnen abhängt. Das heißt: Wenn man eines der Objekte bewegt, müsste sich die Kraft, die auf das andere einwirkt, sofort verändern. Würde die Sonne plötzlich verschwinden, so folgt aus Maxwells Theorie, dass die Erde noch rund acht Minuten hell bliebe (da das Licht der Sonne so lange brauchte, um uns zu erreichen), doch nach Newtons Gravitationsgesetz würde die Erde ohne jede Zeitverzögerung der Anziehungskraft der Sonne enthoben sein und aus ihrer Bahn fliegen. Der durch das Verschwinden der Sonne hervorgerufene Gravitationseffekt würde uns also mit unendlicher Geschwindigkeit erreichen statt mit Lichtgeschwindigkeit oder langsamer, wie die spezielle Relativitätstheorie verlangt. Zwischen 1908 und 1914 unternahm Einstein eine Reihe erfolgloser Versuche, eine neue Gravitationstheorie in Einklang mit der speziellen Relativität zu entwickeln. 1915 trat er schließlich mit einer Arbeit an die Öffentlichkeit, die das zum Inhalt hatte, was wir heute als allgemeine Relativitätstheorie bezeichnen.

KAPITEL SECHS

GEKRÜMMTER RAUM

EINSTEINS ALLGEMEINE RELATIVITÄTSTHEORIE ging von dem revolutionären Vorschlag aus, die Gravitation sei nicht eine Kraft wie andere Kräfte. Man müsse sie vielmehr als eine Folge des Umstands betrachten, dass die Raumzeit nicht eben sei, wie man bis dahin angenommen hatte, sondern gekrümmt oder verzerrt durch die Verteilung der Massen und Energien in ihr. Körper wie die Erde würden nicht durch eine Kraft, Gravitation genannt, dazu gebracht, sich auf gekrümmten Bahnen zu bewegen; sie folgten vielmehr der besten Annäherung an eine geradlinige Bahn, die in einem gekrümmten Raum möglich sei – einer so genannten Geodäte. Eine Geodäte ist die kürzeste (oder längste) Verbindung zwischen zwei nahe gelegenen Punkten.

Eine geometrische Ebene ist ein Beispiel für einen zweidimensionalen flachen Raum, in dem Geodäten gerade Linien sind. Die Oberfläche der Erde beispielsweise ist ein zweidimensionaler gekrümmter Raum. Eine Geodäte auf der Erde wird Großkreis genannt. Der Äquator ist ein Großkreis. Das gilt für jeden Kreis auf dem Globus, dessen Mittelpunkt mit dem der Erde zusammenfällt. (Die Bezeichnung «Großkreis» erklärt sich daraus, dass es sich um die größten Kreise handelt, die man auf dem Globus zeichnen kann.) Da die Geodäte die kürzeste Verbindung zwischen zwei beliebigen Flugplätzen ist, wird jeder Navigator dem Piloten diese Route angeben. Beispielsweise können sie von New York nach Madrid fliegen, indem Sie Ihrem Kompass fast genau nach Osten folgen und 5930 Kilometer auf dem gemeinsamen Breitengrad der beiden Städte zu-

Entfernungen auf der Erdkugel
Die kürzeste Entfernung zwischen zwei Punkten auf dem Globus entspricht einem Großkreis, der keine Gerade ist, wenn Sie ihn auf einer flachen Karte betrachten.

rücklegen. Doch Sie können es auch mit 5770 Kilometern schaffen, wenn Sie auf einem Großkreis fliegen, der Sie zuerst nach Nordosten führt, sich dann allmählich nach Osten und schließlich nach Südosten wendet. Stellt man diese beiden Routen auf einer Karte dar, die zwangsläufig ein verzerrtes (an die Darstellungsebene angepasstes) Bild der Erdoberfläche zeichnet, ist das Ergebnis höchst trügerisch. Wenn Sie sich von Punkt zu Punkt auf der Erdoberfläche «geradewegs» nach Osten begeben, bewegen Sie sich in Wirklichkeit nicht gerade, zumindest nicht gerade im Sinne des direktesten Weges, der Geodäte.

Nach der allgemeinen Relativitätstheorie folgen Körper in der vierdimensionalen Raumzeit immer Geodäten. Wenn keine Materie vorhanden ist, entsprechen diese Geraden im vierdimensionalen Raum Geraden im dreidimensionalen Raum. Ist Materie vorhanden, wird die vierdimensionale Raumzeit verformt, mit dem Effekt, dass sich die Bahnen der Körper im dreidimensionalen Raum in einer Weise krümmen, die in der alten Newton'schen Theorie durch die Effekte der Gravitationsanziehung erklärt wurde. Das ist, als ob Sie ein Flugzeug beobachten, das über hügeliges Gelände fliegt. Das Flugzeug mag sich im dreidimensionalen Raum geradlinig fortbewegen, doch wenn Sie die dritte Dimension – die Höhe – entfernen, stellen Sie fest, dass sein Schatten auf dem hügeligen, zweidimensionalen Erdboden einer gekrümmten Bahn folgt.

Oder stellen Sie sich ein Raumschiff vor, das direkt über den Nordpol fliegt. Wenn Sie seine Bahn auf die zweidimensionale Erdoberfläche projizieren, stellen Sie fest, dass es einem Halbkreis folgt, der einem Längskreis über der nördlichen Erdhalbkugel entspricht. Ein ähnliches, schwerer vorstellbares Phänomen haben wir, wenn die Masse der Sonne die Raumzeit so krümmt, dass sich die Erde, obwohl sie in der vierdimensionalen Raumzeit einer Geraden folgt, für uns im dreidimensionalen Raum entlang einer (fast) kreisförmigen Bahn zu bewegen scheint.

Obwohl anders abgeleitet, sind die von der allgemeinen Relativitätstheorie vorhergesagten Umlaufbahnen der Planeten fast identisch mit

Bahn eines Raumschiffschattens
Auf die zweidimensionale Oberfläche des Globus projiziert, erscheint der Weg eines Raumschiffs, das im All einer Geraden folgt, gekrümmt.

denen, die sich aus Newtons Gravitationstheorie ergaben. Die größte Abweichung weist die Bahn des Merkur auf, der von allen Planeten der Sonne am nächsten ist, der stärksten Gravitationswirkung unterworfen ist und eine besonders lang gestreckte Ellipse als Umlaufbahn hat. Die allgemeine Relativitätstheorie sagt voraus, dass die Längsachse der Ellipse sich mit einer Geschwindigkeit von ungefähr einem Grad pro zehntausend Jahren um die Sonne drehen müsste.

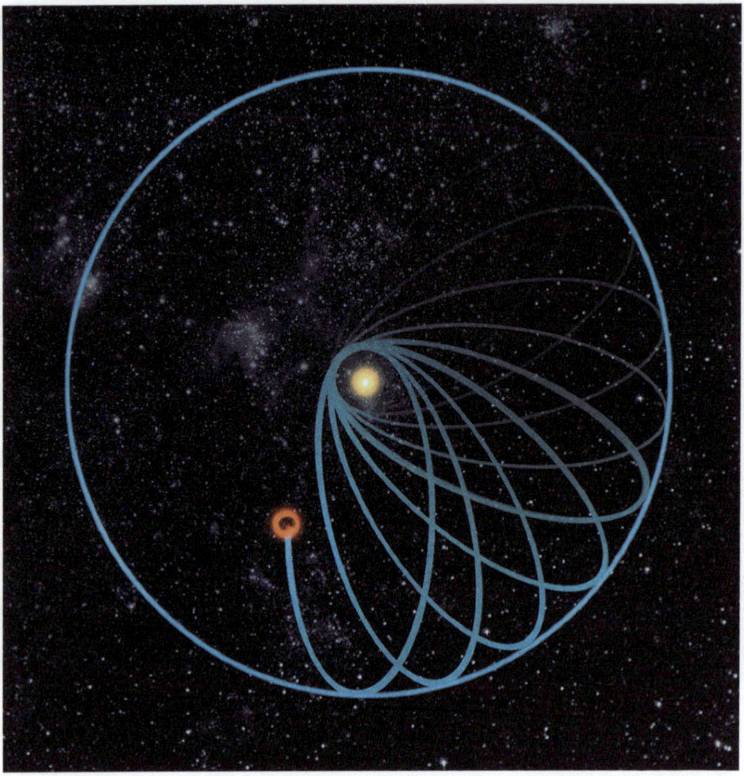

Präzession des Merkur
Während Merkur stetig um die Sonne kreist, führt die lange Achse seiner Ellipsenbahn eine langsame Rotation aus, die in rund 3.600.000 Jahren einen vollständigen Kreis beschreibt.

So geringfügig dieser Effekt ist, so war er den Astronomen doch schon lange vor 1915 aufgefallen (vgl. Kapitel drei) und diente als eine der ersten Bestätigungen der Einstein'schen Theorie. Später sind mit Hilfe von Radar die noch geringfügigeren Abweichungen der anderen Planeten von Newtons Vorhersagen gemessen worden, und sie deckten sich alle mit den Berechnungen auf der Grundlage der allgemeinen Relativitätstheorie.

Auch Lichtstrahlen müssen in der Raumzeit geodätischen Linien folgen. Wiederum bewirkt die Krümmung der Raumzeit, dass sich das Licht nicht mehr geradlinig durch den Raum zu bewegen scheint. Deshalb sagt die allgemeine Relativitätstheorie voraus, das Licht werde durch Gravitationsfelder abgelenkt. Beispielsweise müsste der Theorie zufolge die Sonne kraft ihrer Masse Lichtbahnen in ihrer Nähe leicht nach innen biegen. Das heißt, das Licht eines fernen Sterns, das auf seiner Reise durchs Universum in die Nähe der Sonne geriete, würde um einen kleinen Winkel abgelenkt werden, sodass der Stern für einen Beobachter auf der Erde in einer anderen Position zu stehen schiene. Striche das Licht des Sterns stets nahe an der Sonne vorbei, könnten wir natürlich nicht entscheiden, ob es abgelenkt wird oder ob der Stern tatsächlich dort ist, wo wir ihn sehen. Da die Erde jedoch um die Sonne kreist, sind es im Laufe der Zeit immer andere Sterne, die hinter der Sonne verschwinden. Dabei wird ihr Licht abgelenkt – ihre Position im Verhältnis zum übrigen Sternenhimmel scheint sich zu verändern.

Normalerweise ist es sehr schwer, diesen Effekt zu beobachten, weil das Licht der Sonne die Beobachtung von Sternen, die in Sonnennähe am Himmel stehen, nicht zulässt. Anders verhält es sich bei einer Sonnenfinsternis, wenn der Mond das Sonnenlicht abfängt. Einsteins Voraussagen zur Lichtablenkung konnten im Jahre 1915 noch nicht überprüft werden, weil der Erste Weltkrieg tobte. Erst 1919 stellte eine britische Expedition bei einer Sonnenfinsternis an der Küste Westafrikas fest, dass das Licht tatsächlich von der Sonne abgelenkt wird, wie es die Theorie vorhersagt. Dieser Beweis für die Theorie eines Deutschen durch englische Wissenschaftler wurde pompös als ein Akt der Versöhnung der einstigen Kriegsgegner gefeiert. Insofern lag eine besondere Ironie darin, dass man bei einer späteren Überprüfung der Fotos, die auf dieser Expe-

Lichtablenkung in der Nähe der Sonne
Wenn die Sonne fast direkt zwischen der Erde und einem fernen Stern steht, lenkt ihr Gravitationsfeld das Licht des Sterns ab und verändert seine scheinbare Position am Himmel.

dition gemacht worden waren, auf Fehler stieß, die genauso groß waren wie der Effekt, den man hatte messen wollen: Das Ergebnis war purer Zufall gewesen oder einer jener – in der Wissenschaft gar nicht so seltenen – Fälle, in denen man erkennt, was man erkennen will. In einer Reihe späterer Beobachtungen ist die Lichtablenkung dann jedoch exakt bestätigt worden.

Nach einer anderen Vorhersage der allgemeinen Relativitätstheorie müsste die Zeit in der Nähe eines massereichen Körpers wie der Erde langsamer verstreichen. Das erkannte Einstein erstmals im Jahr 1907, fünf Jahre bevor ihm klar wurde, dass die Gravitation auch die Form des Raums verändert, und acht Jahre bevor er seine Theorie abschloss. Er leitete den Effekt aus dem Äquivalenzprinzip ab, das in der allgemeinen Relativitätstheorie die gleiche Rolle spielte wie das Grundpostulat in der speziellen Relativitätstheorie.

Bekanntlich müssen nach dem Relativitätsprinzip der speziellen Relativitätstheorie die physikalischen Gesetze für alle frei in Bewegung befindlichen Beobachter, unabhängig von ihrer Geschwindigkeit, gleich sein. Grob gesagt, verallgemeinert das Äquivalenzprinzip diese Aussage auf alle Beobachter, die sich nicht kräftefrei bewegen, sondern dem Einfluss eines Gravitationsfeldes unterworfen sind. In einer exakten Formulierung des Prinzips sind einige komplizierte Aspekte zu beachten, etwa der Umstand, dass man, wenn das Gravitationsfeld nicht gleichförmig ist, das Prinzip separat auf ein Reihe kleiner, einander überschneidender Flecken anwenden muss, doch damit wollen wir uns hier nicht befassen. Für unsere Zwecke können wir das Prinzip folgendermaßen formulieren: In Raumregionen, die klein genug sind, lässt sich unmöglich entscheiden, ob man sich ruhend in einem Gravitationsfeld befindet oder im leeren Raum gleichförmig beschleunigt.

Stellen Sie sich vor, Sie sind in einem Fahrstuhl, der sich seinerseits im leeren Raum befindet. Es gibt keine Gravitation, kein «Oben» und kein «Unten». Sie schweben frei und losgelöst. Nun beginnt der Fahrstuhl, sich mit konstanter Beschleunigung zu bewegen. Plötzlich spüren Sie Gewicht. Das heißt, Sie werden von einem Ende des Fahrstuhls angezogen, das Ihnen plötzlich als der Boden erscheint! Wenn Sie jetzt einen Apfel in der ausgestreckten Hand hielten und ihn losließen, fiele er auf den Boden. In dem Augenblick, da Sie beschleunigen, entwickelt sich alles Geschehen in dem Fahrstuhl genauso, als würde er sich überhaupt nicht bewegen, sondern befände sich ruhend in einem gleichförmigen Gravitationsfeld. Ebenso wenig, wie Sie im Inneren eines Zuges entscheiden können, ob Sie sich gleichförmig bewegen oder nicht, vermögen Sie, so Einstein, im Inneren des Fahrstuhls zu entscheiden, ob Sie gleichförmig beschleunigen oder sich in einem gleichförmigen Gravitationsfeld befinden. Das Ergebnis dieser Überlegungen war Einsteins Äquivalenzprinzip.

Das Äquivalenzprinzip und das obige Beispiel dafür gelten nur, wenn die träge Masse (die Masse in Newtons zweitem Gesetz, die bestimmt, wie stark Sie in Reaktion auf eine Kraft beschleunigen) und die schwere Masse (die Masse in Newtons Gravitationsgesetz, die bestimmt, wie viel Gravitation Sie spüren) gleich sind (vgl. Kapitel vier). Denn wenn beide Massearten gleich sind, fallen alle Objekte in einem Gravitationsfeld unabhängig von ihrer Masse mit der gleichen Geschwindigkeit. Würde die Äquivalenz nicht gelten, fielen einige Objekte unter dem Einfluss der Gravitation schneller als andere, und Sie hätten eine Handhabe, um die Gravitationsanziehung von der Beschleunigung zu unterscheiden, in der alles mit gleicher Geschwindigkeit fällt. Wie Einstein die Äquivalenz von träger und schwerer Masse dazu benutzte, um sein Äquivalenzprinzip und schließlich die allgemeine Relativitätstheorie abzuleiten, erwies sich als ein logisches Bravourstück, das beispiellos in der Geschichte des menschlichen Denkens ist.

Nun, da wir das Äquivalenzprinzip kennen, können wir Einsteins Logik folgen, indem wir ein anderes Gedankenexperiment durchführen, das zeigt, warum die Zeit dem Einfluss der Gravitation unterliegen muss.

Stellen wir uns ein Raumschiff weit draußen im All vor. Nehmen wir aus Gründen der Einfachheit an, das Raumschiff sei so lang, dass das Licht eine Sekunde braucht, um es von oben nach unten zu durchqueren. Denken wir uns ferner, es befände sich ein Beobachter oben an der Decke des Raumschiffs und ein anderer an seinem Boden, beide mit baugleichen Uhren ausgerüstet, die einmal pro Sekunde ticken.

Der Beobachter an der Decke wartet, bis die Uhr tickt, und schickt dann augenblicklich ein Lichtsignal an den Beobachter am Boden. Der Decken-Beobachter wiederholt den Vorgang, wenn seine Uhr das nächste Mal tickt. Bei dieser Konstellation braucht jedes Signal eine Sekunde, um den Boden-Beobachter zu erreichen. Wenn der Decken-Beobachter zwei Lichtsignale im Abstand von einer Sekunde sendet, empfängt der Boden-Beobachter zwei Signale im Abstand von einer Sekunde.

Wie könnte sich diese Situation verändern, wenn sich das Raumschiff unter dem Einfluss der Gravitation ruhend auf der Erde befände statt frei schwebend im All? Nach Newtons Theorie hätte die Gravitation keinen Einfluss auf diese Situation. Würde der Beobachter an der Decke Signale im Abstand von einer Sekunde aussenden, würde der Beobachter am Boden des Raumschiffs sie im Abstand von einer Sekunde empfangen. Doch das Äquivalenzprinzip sagt etwas anderes voraus. Wir können erkennen, was geschieht, so sagt das Prinzip, wenn wir, statt den Gravitationseffekt zu betrachten, den Einfluss der gleichförmigen Beschleunigung zugrunde legen. Das ist ein Beispiel für die Art und Weise, wie Einstein das Äquivalenzprinzip verwendete, um seine neue Gravitationstheorie zu entwickeln.

Nehmen wir also an, das Raumschiff beschleunigt. (Wir wollen uns vorstellen, dass es langsam beschleunigt und sich daher nicht gleich der Lichtgeschwindigkeit nähert!) Da sich das Raumschiff nach oben bewegt, muss das erste Signal eine kürzere Strecke zurücklegen als in der vorigen Situation, folglich wird es früher als nach einer Sekunde eintreffen. Würde das Raumschiff mit konstanter Geschwindigkeit reisen, träfe auch das zweite Signal um exakt das gleiche Intervall früher ein, sodass der Zeitabstand zwischen den beiden Signalen eine Sekunde bliebe. Doch infolge der Beschleunigung bewegt sich das Raumschiff abermals schneller, wenn das zweite Signal gesendet wird, daher hat das zweite Signal noch weniger Abstand zu überwinden als das erste und trifft in noch kürzerer Zeit ein. Der Beobachter am Boden des Raumschiffs misst folglich weniger als eine Sekunde zwischen den Signalen und befindet sich nicht im Einvernehmen mit dem Decken-Beobachter, der behauptet, sie im Abstand von exakt einer Sekunde gesendet zu haben.

Im Fall des beschleunigenden Raumschiffs ist das vielleicht nicht so erstaunlich – schließlich haben wir es gerade erklärt! Doch erinnern wir uns, das Äquivalenzprinzip besagt, dass es auch für ein ruhendes Raumschiff in einem Gravitationsfeld gilt. Das heißt, selbst in einem Raumschiff, das nicht beschleunigt, sondern, sagen wir, an der Erdoberfläche auf einer Abschussrampe steht, erhält der Boden-Beobachter die Signale in kürzeren Zeitabständen als einer Sekunde (auf seiner Uhr gemessen), obwohl der Decken-Beobachter sie (nach seiner Uhr) in Abständen von einer Sekunde sendet. Das *ist* verblüffend!

Allerdings fragt sich, ob die Gravitation die Zeit verändert oder ob sie nur Uhren zugrunde richtet? Nehmen wir an, der Boden-Beobachter klettert zur Decke empor, um dort mit seinem Partner die Uhren zu vergleichen. Es sind baugleiche Uhren, und natürlich stellen beide Beobachter fest, dass sie nun die Länge einer Sekunde übereinstimmend messen. Die Uhr des Boden-Beobachters ist vollkommen in Ordnung: Sie misst den lokalen Zeitfluss überall dort, wo sie sich gerade befindet.

Wie uns die spezielle Relativitätstheorie mitteilt, dass die Zeit für Beobachter in relativer Bewegung unterschiedlich verstreicht, geht aus der allgemeinen Relativitätstheorie hervor, dass die Zeit für Beobachter in verschiedenen Höhen in einem Gravitationsfeld verschieden verstreicht. Nach der allgemeinen Relativitätstheorie hat der Boden-Beobachter weniger als eine Sekunde zwischen den Signalen gemessen, weil die Zeit nahe der Erdoberfläche langsamer verstreicht. Je stärker das Feld, desto größer dieser Effekt. Newtons Bewegungsgesetz hat die Idee der absoluten Position im Raum aufgehoben, nun haben wir gesehen, wie die Relativitätstheorie den Begriff der absoluten Zeit beseitigt.

Diese Vorhersage wurde 1962 überprüft, indem man zwei sehr präzise Uhren oben und unten an einem Wasserturm anbrachte. Man stellte fest, dass die Uhr am Fuße des Turms in genauer Übereinstimmung mit der Relativitätstheorie langsamer ging. Der Effekt ist gering – eine Uhr an der Oberfläche der Sonne würde im Vergleich zu einer Uhr an der Erdoberfläche pro Jahr nur eine Minute nachgehen. Allerdings hat die unterschiedliche Gangart von Uhren in verschiedenen Höhen über der Erde beträchtliche praktische Bedeutung gewonnen, seit es sehr genaue Navigationssysteme gibt, in denen Satellitensignale eine grundlegende Rolle spielen. Blieben die Vorhersagen der allgemeinen Relativitätstheorie unberücksichtigt, würden sich bei den Positionsberechnungen Fehler von mehreren Kilometern ergeben!

Auch unsere biologischen Uhren sind diesen Veränderungen des Zeitflusses unterworfen. Stellen Sie sich ein Zwillingspaar vor. Der eine Zwilling lebt auf einem Berggipfel, der andere auf Meereshöhe. Der erste würde rascher altern als der zweite. Wenn sie sich wieder träfen, wäre der eine älter als der andere. In diesem Fall wäre der Altersunterschied sehr gering, aber er könnte sehr viel größer sein, wenn einer der Zwillinge eine lange Reise in einem Raumschiff unternähme, das sich beinahe mit Lichtgeschwindigkeit fortbewegte. Bei seiner Rückkehr wäre er sehr viel jünger als der auf der Erde gebliebene Zwillingsbruder. Dieser Effekt wird als Zwillingsparadoxon bezeichnet, doch er ist nur paradox, wenn man noch die Vorstellung von der absoluten Zeit im Hinterkopf hat. Eine einzige, absolute Zeit gibt es in der Relativitätstheorie nicht. Nach ihr hat jedes Individuum sein eigenes Zeitmaß, das davon abhängt, wo es sich befindet und wie es sich bewegt.

Vor 1915 stellte man sich Raum und Zeit als den festgelegten Rahmen vor, in dem die Ereignisse stattfinden können, der aber durch das, was in ihm geschieht, nicht beeinflusst wird. Das galt sogar noch für die spezielle Relativitätstheorie. Körper bewegen sich, Kräfte ziehen an oder stoßen ab, doch Zeit und Raum dauern einfach fort, unberührt von dem, was geschieht. Man ging ganz selbstverständlich davon aus, dass Zeit und Raum ewigen Bestand hätten.

In der allgemeinen Relativitätstheorie stellt sich die Situation jedoch grundlegend anders dar. Raum und Zeit sind nun dynamische Größen: Wenn ein Körper sich bewegt oder eine Kraft wirkt, so wird dadurch die Krümmung von Raum und Zeit beeinflusst – und umgekehrt beeinflusst die Struktur der Raumzeit die Bewegung von Körpern und die Wirkungsweise von Kräften. Raum und Zeit wirken nicht nur auf alles ein, was im Universum geschieht, sondern werden auch davon beeinflusst. Wie man ohne die Begriffe von Raum und Zeit nicht über Ereignisse im Universum sprechen kann, so ist es in der allgemeinen Relativitätstheorie sinnlos, über Raum und Zeit zu sprechen, die außerhalb der Grenzen des Universums liegen. Dieses neue Verständnis von Raum und Zeit veränderte in den Jahrzehnten nach 1915 unsere Auffassung vom Universum von Grund auf. An die Stelle der alten Vorstellung von einem im Wesentlichen unveränderlichen, ewig bestehenden Universum trat das Modell eines dynamischen, expandierenden Universums, das einen zeitlich fixierbaren Anfang zu haben scheint und zu einem bestimmten Zeitpunkt in der Zukunft enden könnte.

KAPITEL SIEBEN

DAS EXPANDIERENDE UNIVERSUM

BLICKT MAN IN EINER KLAREN, mondlosen Nacht zum Himmel auf, so sind wahrscheinlich die hellsten Objekte, die man wahrnimmt, die Planeten Venus, Mars, Jupiter und Saturn. Außerdem wird eine große Zahl von Sternen zu sehen sein, die unserer Sonne gleichen, aber sehr viel weiter entfernt sind. Einige dieser Fixsterne scheinen indessen während des Umlaufs der Erde um die Sonne ihre Stellung zueinander geringfügig zu verändern: Sie sind also keineswegs fixiert! Das liegt daran, dass sie uns vergleichsweise nahe sind. Während die Erde die Sonne umkreist, sehen wir sie aus verschiedenen Positionen gegen den Hintergrund fernerer Sterne.

Den gleichen Effekt haben Sie, wenn Sie auf einer Landstraße fahren und sich die relative Position nahe stehender Bäume gegenüber den Dingen am Horizont zu verändern scheint. Je näher die Bäume, desto stärker ihre scheinbare Bewegung. Diese Veränderung der relativen Position nennt man Parallaxe. Im Fall der Sterne ist dies ein günstiger Umstand, denn er ermöglicht es uns, unseren Abstand von diesen Sternen direkt zu messen.

Wie in Kapitel eins erwähnt, ist der nächste Stern, Proxima Centauri, ungefähr vier Lichtjahre oder rund 40 Millionen Millionen (= 40 Billionen) Kilometer entfernt. Die meisten anderen Sterne, die mit bloßem Auge zu erkennen sind, befinden sich nicht weiter als ein paar hundert Lichtjahre entfernt. Zum Vergleich: Der Abstand zu unserer Sonne be-

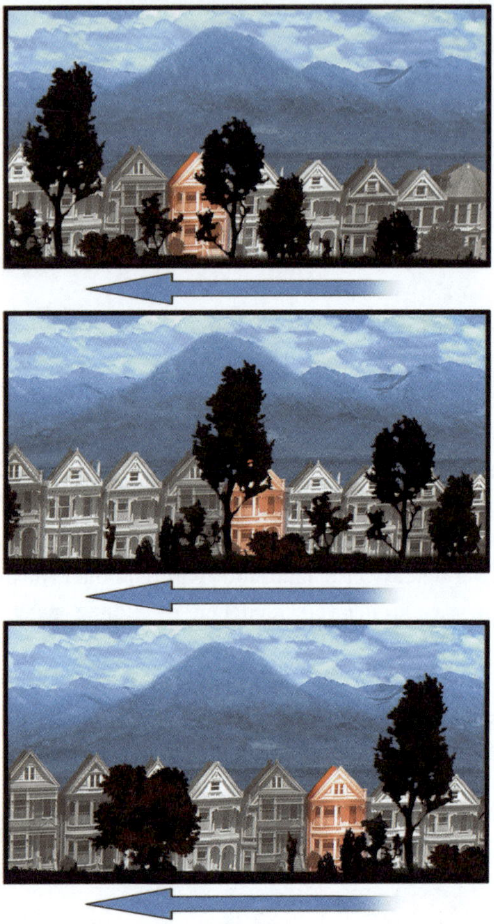

Parallaxe

Egal, ob Sie auf einer Straße entlangfahren oder durchs All fliegen, die relative Position naher und ferner Dinge verändert sich im Zuge Ihrer Bewegung. Misst man diese Änderung, lässt dies Rückschlüsse auf die relativen Abstände der betroffenen Objekte zu.

trägt nur acht Lichtminuten! Die sichtbaren Sterne scheinen über den ganzen Nachthimmel verteilt zu sein, konzentrieren sich aber vor allem in einem Streifen, den wir Milchstraße nennen. Schon 1750 vertraten einige Astronomen die Auffassung, das Erscheinungsbild der Milchstraße sei erklärbar, wenn man von einer scheibenförmigen Anordnung der meisten sichtbaren Sterne ausgehe – ein Beispiel für das, was wir heute Spiralgalaxie nennen. Nur ein paar Jahrzehnte später stellte der Astronom Sir William Herschel diese Hypothese auf eine solide Basis, indem er in mühseliger Arbeit die Positionen und Entfernungen einer ungeheuren Zahl von Sternen katalogisierte. Dennoch wurde diese Vorstellung erst zu Beginn des 20. Jahrhunderts endgültig anerkannt. Heute wissen wir, dass die Milchstraße – unsere Galaxie – einen Durchmesser von rund 100 000 Lichtjahren hat und sich langsam dreht. Die Sterne in ihren Spiralarmen umkreisen das galaktische Zentrum einmal in mehreren hundert Millionen Jahren. Unsere Sonne ist nur ein gewöhnlicher gelber Stern mittlerer Größe unweit des inneren Randes eines der Spiralarme. Wir haben zweifellos einen weiten Weg zurückgelegt, seit wir mit Aristoteles und Ptolemäus glaubten, die Erde bilde den Mittelpunkt des Universums!

Unser heutiges Bild vom Universum nahm erst 1924 Konturen an, als der amerikanische Astronom Edwin Hubble zeigte, dass unsere Galaxis nicht die einzige ist. Tatsächlich entdeckte er noch viele andere, zwischen denen weite Strecken leeren Raums liegen. Um dies zu beweisen, musste er die Distanzen zu den anderen Galaxien bestimmen. Doch diese Galaxien sind so weit entfernt, dass sie, anders als nahe gelegene Sterne, tatsächlich fixiert erscheinen. Da Hubble die Parallaxe auf diese Galaxien nicht anwenden konnte, war er gezwungen, die Entfernungen indirekt zu messen. Ein nahe liegendes Maß für die Entfernung eines Sterns ist seine Helligkeit. Doch die scheinbare Helligkeit eines Sterns hängt nicht nur von seiner Entfernung ab, sondern auch davon, wie viel Licht er ausstrahlt (seiner Leuchtkraft). Ein lichtschwacher Stern wird, wenn er nahe genug ist, den hellsten Stern einer fernen Galaxie überstrahlen. Um also die scheinbare Helligkeit eines Sterns als Maß für seine Entfernung verwenden zu können, müssen wir seine Leuchtkraft kennen.

Die Leuchtkraft naher Sterne lässt sich anhand ihrer scheinbaren Helligkeit errechnen, weil wir ihre Entfernung dank der Parallaxe kennen. Hubble bemerkte, dass er diese nahen Sterne nach der Art des Lichts, das sie abgeben, in bestimmte Klassen unterteilen konnte. Sterne gleicher Art hatten immer die gleiche Leuchtkraft. Daraus schloss er, dass Sterne dieser Art, die er in fernen Galaxien entdeckte, die gleiche Leuchtkraft haben wie nahe Sterne. Mit Hilfe dieser Information können wir die Entfernung der Galaxie berechnen. Wenn dies bei mehreren Sternen in der Galaxie möglich ist und unsere Berechnungen immer die gleiche Entfernung ergeben, kann unsere Schätzung als recht verlässlich gelten.

Heute wissen wir, dass die Sterne, die wir mit bloßem Auge sehen können, nur einen winzigen Bruchteil aller Sterne bilden. Wir können rund 5000 Sterne sehen, das sind rund 0,0001 Prozent der Sterne, die es allein in unserer Galaxis, der Milchstraße, gibt. Die Milchstraße selbst ist nur eine von mehr als hundert Milliarden Galaxien, die man mit Hilfe moderner Teleskope sehen kann – und jede Galaxie enthält im Durchschnitt einige hundert Milliarden Sterne. Wäre ein Stern ein Salzkorn, gingen alle Sterne, die Sie mit bloßem Auge sehen können, auf einen Teelöffel, doch alle Sterne im den Astronomen bekannten Universum würden eine Kugel von mehr als dreizehn Kilometer Durchmesser bilden.

Sterne sind so weit entfernt, dass sie uns als winzige Lichtpunkte erscheinen. Wir können weder ihre Größe noch ihre Form erkennen. Doch es gibt, wie Hubble bemerkte, sehr viele verschiedene Arten von Sternen, und wir können sie an der Farbe ihres Lichts unterscheiden. Newton entdeckte, dass man das Licht der Sonne in seine Farbbestandteile – eine Art Regenbogen – zerlegen kann, wenn man es durch ein Prisma, ein dreieckiges Stück Glas, lenkt. Die relativen Intensitäten der verschiedenen

Sternspektrum
Wenn man die Spektralfarben des Sternenlichts analysiert, kann man sowohl die Temperatur eines Sterns als auch die Zusammensetzung seiner Atmosphäre bestimmen.

Farben, die von einer gegebenen Lichtquelle ausgesandt werden, bezeichnet man als das Spektrum der Quelle. Wenn man ein Teleskop auf einen einzelnen Stern oder eine Galaxie ausrichtet, kann man in ähnlicher Weise das Lichtspektrum dieses Sterns oder dieser Galaxie feststellen.

Unter anderem verrät uns dieses Licht etwas über die Temperatur. 1860 erkannte der deutsche Physiker Gustav Kirchhoff, dass jeder materielle Körper, also auch ein Stern, bei Erwärmung Licht oder andere Strahlung abgibt, so wie Kohle glüht, wenn sie erwärmt wird. Das Licht, das solche glühenden Objekte abstrahlen, wird durch die thermische Be-

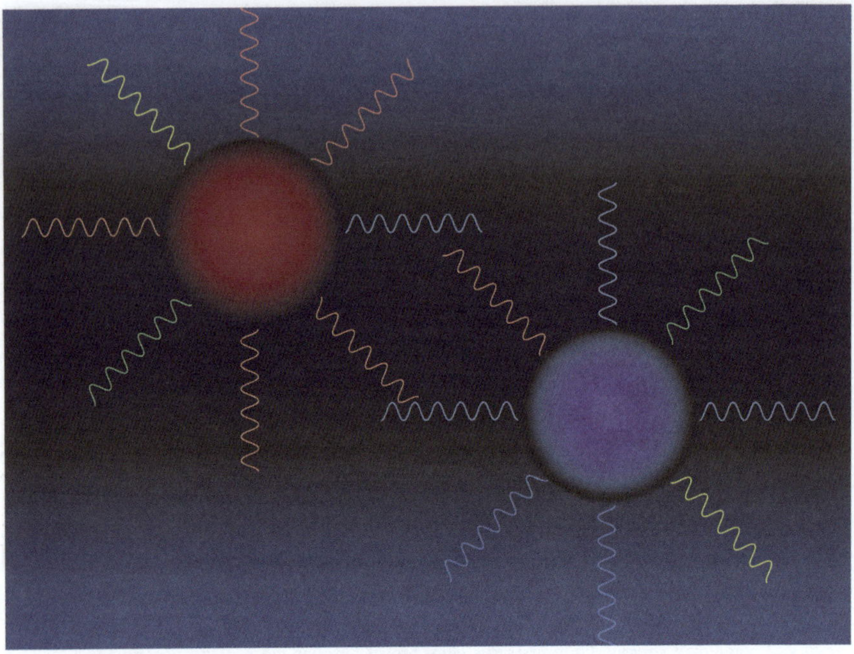

Schwarzkörperspektrum

Alle Objekte – nicht nur Sterne – emittieren eine Strahlung, die durch die thermische Bewegung der mikroskopischen Bestandteile des Objekts hervorgerufen wird. Die Verteilung der Frequenzen in dieser Strahlung ist charakteristisch für die Temperatur eines Objekts.

wegung ihrer Atome hervorgerufen. Es heißt Schwarzkörperstrahlung (obwohl die glühenden Objekte keineswegs schwarz sind). Das Spektrum der Schwarzkörperstrahlung ist unverwechselbar: Es hat eine unverkennbare Form, die sich mit der Temperatur des Körpers verändert.

Die Untersuchung des Lichts, das von einem glühenden Objekt emittiert wird, ähnelt daher einem Blick auf ein Thermometer. Das Spektrum, das wir an verschiedenen Sternen beobachten, weist stets genau diese Form auf: Es ist eine Postkarte mit dem thermischen Zustand des betreffenden Sterns.

Wenn wir genau hinsehen, teilt uns das Sternenlicht sogar noch mehr mit. Wir beobachten, dass einige sehr spezifische Farben in den Spektren von Sternen fehlen und dass diese fehlenden Farben von Stern zu Stern variieren können. Da wir wissen, dass jedes chemische Element ganz bestimmte Farben absorbiert, können wir durch Vergleich dieser Farben mit denen, die im Spektrum eines Sterns fehlen, genau bestimmen, welche Elemente in seiner Atmosphäre vorhanden sind

Als die Astronomen in den 1920er Jahren anfingen, die Spektren von Sternen in anderen Galaxien zu untersuchen, machten sie eine höchst seltsame Entdeckung: Es zeigten sich dieselben typischen fehlenden Farben wie bei den Sternen in unserer Galaxis, aber sie waren alle um den gleichen relativen Betrag zum roten Ende des Spektrums hin verschoben. Physiker kennen eine solche Verschiebung der Farbe oder Frequenz als Doppler-Effekt. Wir kennen das Phänomen alle vom Schall her. Achten Sie einmal darauf, wenn ein Auto auf der Straße an Ihnen vorbeifährt: Solange es sich nähert, hat sein Motor – oder seine Hupe – einen höheren Klang, sobald es vorbei ist und sich entfernt, klingt es tiefer. Der Klang seines Motors oder seiner Hupe ist eine Welle, eine Folge von Bergen und Tälern. Rast ein Auto auf uns zu, ist es uns bei der Emission jedes der aufeinander folgenden Wellenberge ein Stück näher gerückt, daher ist der Abstand zwischen den Wellenbergen – die Wellenlänge des Schalls – kleiner als bei einem ruhenden Auto. Je kürzer die Wellenlänge, desto größer die Zahl der Schwankungen, die pro Sekunde in unser Ohr gelangen, und desto höher der Ton oder die Frequenz des Klanges.

Entsprechend gilt, wenn sich das Auto von uns entfernt, ist die Wellenlänge größer und die Frequenz der Wellen, die unser Ohr erreichen, niedriger. Je schneller das Auto fährt, desto größer der Effekt, daher können wir den Doppler-Effekt zur Geschwindigkeitsmessung verwenden. Licht- oder Radiowellen verhalten sich ähnlich. Tatsächlich macht

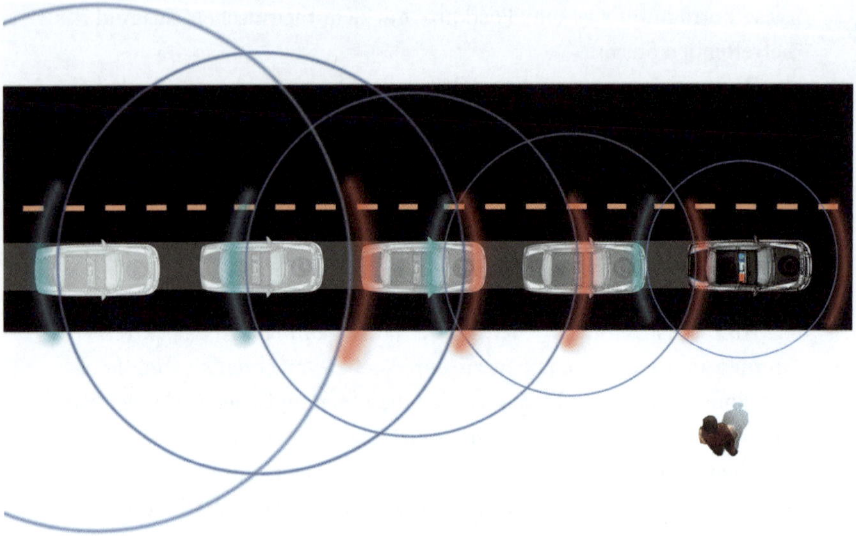

Der Doppler-Effekt

Wenn sich eine Wellenquelle auf einen Beobachter zubewegt, scheinen ihre Wellen eine kürzere Länge zu besitzen. Entfernt sich die Quelle, scheinen ihre Wellen eine größere Länge zu haben. Das bezeichnet man als Doppler-Effekt.

sich die Polizei den Doppler-Effekt für die Geschwindigkeitsmessung von Autos zunutze, indem sie die Wellenlänge der Radiowellenimpulse misst, die von Autos reflektiert werden.

Wie in Kapitel fünf erläutert, ist die Wellenlänge des sichtbaren Lichts außerordentlich klein, im Bereich von vierzig bis achtzig millionstel Zentimeter. Die verschiedenen Wellenlängen des Lichts nimmt das menschliche Auge als unterschiedliche Farben wahr, wobei die größten Wellenlängen als das rote Ende des Spektrums und die kleinsten als das blaue Ende in Erscheinung treten. Stellen Sie sich nun eine Lichtquelle in gleich bleibender Entfernung von uns vor, etwa einen Stern, der Licht von konstanter Wellenlänge emittiert. Die Wellen besitzen beim Empfang dieselbe Länge wie bei der Emission. Nehmen wir nun an, die Quelle beginnt sich von uns zu entfernen. Wie im Fall des Schalls hat das zur Folge, dass die Wellenlänge gestreckt wird, daher verschiebt sich das Spektrum zum roten Ende.

Nachdem Hubble die Existenz anderer Galaxien nachgewiesen hatte, beschäftigte er sich damit, ihre Entfernungen zu katalogisieren und ihre Spektren zu beobachten. Damals erwartete man allgemein, dass die Bewegungen der Galaxien vom Zufall bestimmt seien und man also auf etwa gleich viele blau- wie rotverschobene Spektren stoßen würde. Deshalb war die Überraschung groß, als man bei den meisten Galaxien eine Rotverschiebung feststellte. Sie bewegen sich fast alle von uns fort! Noch überraschender war eine Entdeckung, die Hubble 1929 veröffentlichte: Sogar das Ausmaß der Rotverschiebung ist nicht zufällig, sondern direkt proportional zur Entfernung der Galaxie von uns. Mit anderen Worten: Je weiter eine Galaxie entfernt ist, desto schneller bewegt sie sich von uns fort! Folglich kann das Universum nicht statisch, also von unveränderlicher Größe, sein, wie man vor Hubble allgemein glaubte. Vielmehr dehnt es sich aus: Die Abstände zwischen den verschiedenen Galaxien nehmen ständig zu.

Die Entdeckung, dass sich das Universum ausdehnt, war eine der großen geistigen Revolutionen des 20. Jahrhunderts. In der Rückschau kann man sich natürlich leicht fragen, warum niemand vorher darauf gekommen ist. Newton und anderen hätte doch klar sein müssen, dass ein statisches Universum instabil wäre: Es gibt keine abstoßende Kraft, die imstande wäre, all die Anziehungskräfte auszugleichen, die Sterne und Galaxien per Gravitation aufeinander ausüben. Selbst wenn das Universum zu einem bestimmten Zeitpunkt statisch gewesen wäre, hätte dies nur ein vorübergehender Zustand sein können, weil es unter dem Einfluss der gegenseitigen Gravitationsanziehung aller Sterne und Galaxien sofort begonnen hätte, sich zusammenzuziehen. Sogar, wenn sich das

Universum relativ langsam ausdehnte, würde die Schwerkraft die Expansion schließlich zum Stillstand bringen und zu einer Kontraktion führen. Läge das Maß der Ausdehnung hingegen über einem bestimmten kritischen Wert, könnte die Gravitation die Bewegung nicht aufhalten, und das Universum würde ewig mit der Expansion fortfahren. Der Vorgang hat eine gewisse Ähnlichkeit mit dem Start einer Rakete von der Erdoberfläche. Ist ihre Geschwindigkeit zu niedrig, wird die Schwerkraft sie schließlich bremsen und auf die Erdoberfläche zurückfallen lassen. Wenn die Rakete dagegen eine bestimmte kritische Geschwindigkeit überschreitet (ungefähr 11 Kilometer pro Sekunde), reicht die Schwerkraft nicht mehr aus, die Rakete zurückzuhalten, sodass sie sich unentwegt von der Erde entfernt.

Dieses Verhalten des Universums hätte aufgrund der Newton'schen Gravitationstheorie jederzeit im 19., im 18., ja sogar im ausgehenden 17. Jahrhundert vorhergesagt werden können. Doch der Glaube an ein statisches Universum war so tief verwurzelt, dass er sich bis ins 20. Jahrhundert hinein hielt. Selbst nachdem Einstein 1915 die allgemeine Relativitätstheorie formuliert hatte, glaubte er noch so fest an die statische Beschaffenheit des Alls, dass er einen Mogelfaktor, die so genannte kosmologische Konstante, in seine Gleichungen einführte, um diese Überzeugung zu retten. Die kosmologische Konstante wirkte als eine neue «Anti-Gravitationskraft», die, anders als andere Kräfte, keinen bestimmten Ursprung hatte, sondern in die Textur der Raumzeit eingewoben war. Infolge dieser neuen Kraft hatte die Raumzeit eine naturgegebene Expansionstendenz. Durch Anpassung der kosmologischen Konstante konnte Einstein die Stärke der Tendenz festlegen. Wie er feststellte, vermochte er sie so genau anzupassen, dass sie die gegenseitige Anziehung aller Materie im Universum genau aufwog und sich ein statisches Universum ergab. Später verwarf er die kosmologische Konstante und nannte den Mogelfaktor seine «größte Eselei». Wie sich zeigen wird, haben wir heute Grund zu der Annahme, dass er mit der Einführung seiner kosmologischen Konstanten am Ende doch Recht gehabt haben könnte. Enttäuscht wird Einstein aber wohl darüber gewesen sein, dass er sich von seinem Glauben an ein statisches Universum dazu verleiten ließ, eine offenkundige Vorhersage seiner Theorie zu missachten: die Expansion des Universums. Damals schien es nur sehr wenige Forscher zu geben, die willens waren, die allgemeine Relativitätstheorie beim Wort zu nehmen. Während Einstein und andere Physiker nach Wegen und Möglichkeiten suchten, das nichtstatische Universum der Relativitätstheorie zu vermeiden, machte es sich der russische Physiker und Mathematiker Alexander Friedmann zur Aufgabe, sie zu erklären.

Friedmann ging von zwei sehr einfachen Annahmen über das Universum aus: dass es stets gleich aussehe, in welche Richtung auch immer wir blicken, und dass diese Voraussetzung auch dann gelte, wenn wir das Universum von einem beliebigen anderen Punkt aus betrachteten. Allein anhand dieser beiden Vorstellungen bewies Friedmann, indem er die Gleichungen der Relativitätstheorie löste, dass das Universum nicht statisch sein kann. Bereits 1922, ein paar Jahre vor Edwin Hubbles Entdeckung, sagte er exakt voraus, was dieser dann aufgrund von Beobachtungen fand!

In Wirklichkeit trifft die Annahme, das Universum sehe in jeder Richtung gleich aus, natürlich nicht in aller Strenge zu. Zum Beispiel bilden die anderen Sterne in unserer Galaxis, wie wir gesehen haben, einen gut unterscheidbaren Lichtstreifen am Nachthimmel – die Milchstraße. Doch wenn wir fernere Galaxien beobachten, zeigen diese sich überall in mehr oder minder gleicher Anzahl. So wirkt das Universum im Großen und Ganzen nach jeder Richtung hin gleich, wenn man es, bezogen auf die Entfernungen zwischen Galaxien, im großen Maßstab betrachtet und die Unterschiede außer Acht lässt, die sich in kleinerem Maßstab zeigen. Stellen Sie sich vor, Sie stehen in einem Wald, wo die Bäume beliebig wachsen. Blicken Sie in die eine Richtung, sehen Sie den nächsten Baum vielleicht in einer Entfernung von einem Meter. In einer anderen

Richtung steht der nächste Baum möglicherweise drei Meter entfernt. In einer dritten Richtung ist eine Ansammlung von Bäumen zu sehen, ein, zwei und drei Meter weit weg. Es hat also durchaus nicht den Anschein, als sähe der Wald in jeder Richtung gleich aus, doch würden Sie alle Bäume im Umkreis von einem Kilometer berücksichtigen, glichen sich diese Unterschiede aus, und Sie würden feststellen, dass der Wald tatsächlich in jeder Richtung, in die Sie blicken, gleich aussieht.

Lange Zeit hielt man die gleichförmige Verteilung der Sterne für eine hinreichende Rechtfertigung der Friedmann'schen Annahme und ließ sie als grobe Annäherung an das reale Universum gelten. Doch später offenbarte ein glücklicher Zufall einen anderen Aspekt, der zeigte, dass diese Hypothese in Wahrheit eine bemerkenswert genaue Beschreibung des Universums liefert. 1965 waren die beiden amerikanischen Physiker Arno Penzias und Robert Wilson in den Bell Telephone Laboratories (New Jersey) damit beschäftigt, einen sehr empfindlichen Mikrowellendetektor zu testen. (Wie erwähnt, sind Mikrowellen wie Lichtwellen, nur haben sie eine Wellenlänge von rund einem Zentimeter.) Beunruhigt bemerkten Penzias und Wilson, dass ihr Detektor mehr Rauschen auffing, als er sollte. Sie entdeckten Vogelexkremente auf dem Gerät und suchten nach anderen möglichen Fehlerquellen, mussten sie aber alle ausschließen. Das Rauschen war insofern merkwürdig, als es Tag und Nacht und das ganze Jahr hindurch gleich blieb, obwohl die Erde sich doch um ihre Achse dreht und die Sonne umkreist. Da Erdrotation und Erdbahn den Detektor immer wieder anders ausrichteten, musste die Strahlung von jenseits des Sonnensystems und sogar von jenseits unserer Galaxis kommen. Sie schien auch aus jeder Richtung im Raum zu kommen. Wir wissen heute, dass sich dieses Rauschen bei einem Richtungswechsel nie um mehr als einen winzigen Bruchteil verändert. Penzias und Wilson stießen also unabsichtlich auf ein verblüffendes Beispiel für die erste Friedmann'sche Annahme, nach der das Universum in jeder Richtung dieselben Eigenschaften hat.

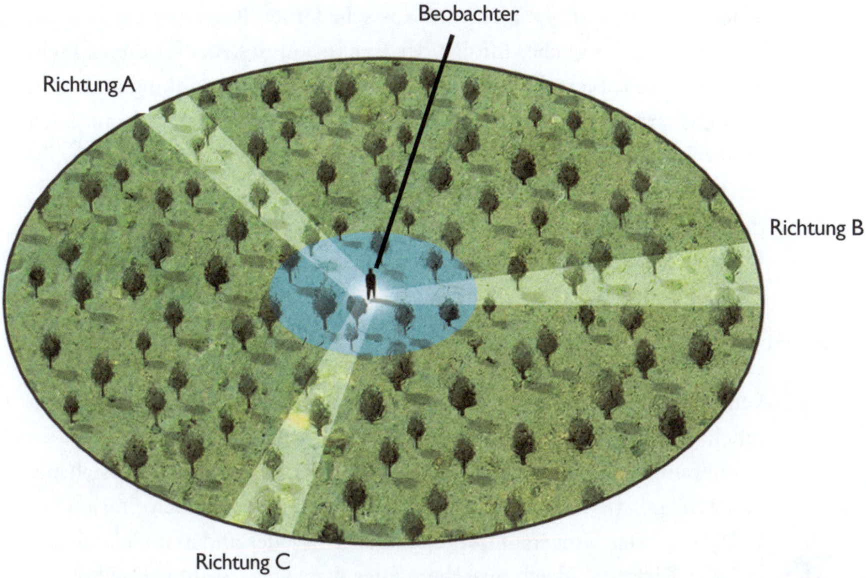

Der isotrope Wald

Selbst wenn die Bäume in einem Wald gleichförmig verteilt sind, können Bäume in der Nähe Haufen bilden. Entsprechend sieht das Universum in unserer lokalen Nachbarschaft nicht gleichförmig aus, doch großräumig bietet sich überall der gleiche Anblick, egal, in welche Richtung wir schauen.

Woher kommt dieses kosmische Hintergrundrauschen? Während Penzias und Wilson das Rauschen in ihrem Detektor untersuchten, begannen sich Bob Dicke und Jim Peebles, zwei amerikanische Physiker an der nahe gelegenen Princeton University, für Mikrowellen zu interessieren. Ausgangspunkt ihrer Arbeit war eine Hypothese von George Gamow (einem ehemaligen Schüler Alexander Friedmanns), nach der das frühe Universum sehr dicht und sehr heiß – weißglühend – gewesen sei. Dicke und Peebles meinten, wir müssten diese Glut der frühen Welt noch sehen können, weil ihr Licht uns aus sehr fernen Regionen des Universums erst jetzt erreiche. Infolge der Expansion des Alls sei dieses Licht aber so stark rotverschoben, dass es als Mikrowellenstrahlung und nicht als sichtbares Licht bei uns eintreffe. Sie schickten sich gerade an, nach dieser Strahlung zu suchen. Als Penzias und Wilson von dem Projekt ihrer beiden Kollegen erfuhren, wurde ihnen klar, dass sie sie bereits entdeckt hatten. Dafür erhielten sie 1978 den Nobelpreis (was Dicke und Peebles gegenüber ein bisschen ungerecht erscheint, von Gamow ganz zu schweigen).

Auf den ersten Blick scheinen all die Indizien dafür, dass das Universum aus jeder Blickrichtung, die wir wählen, gleich aussieht, den Gedanken nahe zu legen, dass wir einen besonderen Standort im Universum innehaben. Vor allem könnte es so scheinen, als befänden wir uns im Mittelpunkt des Universums, da uns die Beobachtung zeigt, dass sich alle anderen Galaxien von uns fortbewegen. Es gibt jedoch noch eine andere Erklärung: Das Universum könnte auch von jeder anderen Galaxie aus in jeder Richtung gleich aussehen. Dies war, wie erwähnt, Friedmanns zweite Annahme.

Wir haben keine wissenschaftlichen Beweise für oder gegen Friedmanns zweite Annahme. Vor einigen Jahrhunderten hätte die Kirche diese These als Ketzerei angesehen, da die kirchliche Lehre Wert auf die Feststellung legte, dass wir *tatsächlich* eine Sonderstellung im Mittelpunkt des Universums einnehmen. Doch heute glauben wir an Friedmanns Annahme fast aus dem entgegengesetzten Grund, aus einer Art Bescheidenheit: Wir fänden es höchst merkwürdig, wenn das Universum nur von unserem Standpunkt aus in jeder Richtung gleich aussähe und nicht auch von anderen!

Nach Friedmanns Modell des Universums bewegen sich alle Galaxien direkt voneinander fort. Die Situation erinnert an einen Ballon, auf den eine Anzahl Flecken gemalt sind und der gleichmäßig aufgeblasen wird. Während der Ballon expandiert, wächst die Entfernung zwischen zwei beliebigen Punkten, doch es gibt keinen Fleck auf der Ballonhaut, den man als den Mittelpunkt der Expansion bezeichnen könnte. Das stetige Anwachsen des Radius hat noch einen weiteren Effekt: Je größer der Abstand der Flecken auf dem Ballon ist, desto rascher entfernen sie sich

Das expandierende Ballonuniversum
Durch die Expansion des Universums bewegen sich alle Galaxien direkt voneinander fort. Im Laufe der Zeit driften Galaxien, die weiter fort sind, schneller auseinander als nahe Galaxien – wie Punkte auf einem Ballon, der aufgeblasen wird. Folglich hat ein Beobachter in jeder gegebenen Galaxie den Eindruck, dass Galaxien sich umso schneller bewegen, je weiter sie entfernt sind.

voneinander. Nehmen wir beispielsweise an, der Radius des Ballons verdoppelt sich in einer Sekunde. Dann liegen zwei Flecken, die ursprünglich durch einen Zentimeter getrennt waren, jetzt zwei Zentimeter auseinander (auf der Oberfläche des Ballons gemessen), daher beträgt ihre relative Geschwindigkeit einen Zentimeter pro Sekunde. Bei zwei Flecken hingegen, die ursprünglich zehn Zentimeter entfernt waren, beträgt der Abstand jetzt zwanzig Zentimeter, folglich ist ihre relative Geschwindigkeit zehn Zentimeter pro Sekunde.

Entsprechend ist auch in Friedmanns Modell die Geschwindigkeit, mit der zwei Galaxien auseinander driften, der Entfernung zwischen ihnen proportional. Deshalb sagt das Modell voraus, dass auch die Rotverschiebung einer Galaxie direkt proportional ihrer Entfernung von uns sein muss, was sich genau mit Hubbles Beobachtungen deckt. Obwohl Friedmanns Modell sehr erfolgreich war und Hubbles Beobachtungen vorhersagte, blieb seine Arbeit im Westen weitgehend unbekannt, bis 1935, nach der Entdeckung der gleichförmigen Expansion des Universums durch Hubble, ähnliche Modelle von dem Physiker Howard Robertson und dem Mathematiker Arthur Walker entwickelt wurden.

Friedmann leitete nur ein Modell des Universums ab. Doch wenn seine Annahmen richtig sind, gibt es in Wirklichkeit drei mögliche Arten von Lösungen für Einsteins Gleichungen, das heißt drei verschiedene Arten von Friedmann-Modellen – und drei verschiedene Möglichkeiten für das Verhalten des Universums. In der ersten (von Friedmann entwickelten) Lösung expandiert das Universum so langsam, dass die Massenanziehung zwischen den verschiedenen Galaxien die Expansion bremst und schließlich zum Stillstand bringt. Daraufhin bewegen sich die Galaxien aufeinander zu, und das Universum zieht sich zusammen. In der zweiten Lösung dehnt sich das Universum so rasch aus, dass die Gravitationsanziehung dem Vorgang nicht Einhalt zu gebieten vermag, wenn sie ihn auch ein wenig verlangsamt. Schließlich gibt es eine dritte Lösung, der zufolge das Universum gerade so rasch expandiert, dass der

Kollaps vermieden wird. Die Geschwindigkeit, mit der die Galaxien auseinander driften, wird kleiner und kleiner, ohne allerdings jemals ganz auf null zu sinken.

Bemerkenswert am ersten Friedmann'schen Modell ist der Umstand, dass die räumliche Ausdehnung des Universums nicht unendlich ist, der Raum aber andererseits auch keine Grenze hat. Die Gravitation ist so stark, dass der Raum in sich selbst zurückgekrümmt wird, sodass er Ähnlichkeit mit der Erdoberfläche bekommt, die auch endlich ist, aber keine Grenze hat. Wenn man sich auf der Erdoberfläche ständig in eine bestimmte Richtung bewegt, kommt man schließlich wieder an seinen Ausgangspunkt zurück, ohne auf ein unüberwindliches Hindernis gestoßen oder über den Rand gefallen zu sein. Genauso ist in diesem Modell der Raum beschaffen, nur dass er drei Dimensionen hat, nicht zwei wie die Erdoberfläche. Der Gedanke, man könnte das Universum umrunden und dort wieder ankommen, wo man seine Reise begonnen hat, ist gute Science-Fiction, aber ohne große praktische Bedeutung, weil sich nachweisen lässt, dass das Universum bereits wieder zur Größe null zusammengeschrumpft wäre, bevor man die Umrundung abgeschlossen hätte. Das Universum ist so groß, dass man sich schneller als das Licht bewegen müsste, wollte man wieder an seinem Ausgangspunkt sein, bevor das Universum aufgehört hätte zu existieren – und das ist nicht möglich! Auch im zweiten Friedmann-Modell ist der Raum gekrümmt. Nur das dritte Friedmann-Modell entspricht einem Universum, dessen großräumige Geometrie flach ist (obwohl der Raum in der Nachbarschaft massereicher Objekte auch hier gekrümmt oder verformt ist).

Doch welches dieser Modelle beschreibt nun unser Universum? Wird es schließlich in seiner Expansion innehalten und anfangen, sich zusammenzuziehen, oder wird es sich endlos ausdehnen?

Wie sich herausstellt, ist die Antwort auf diese Frage komplizierter, als die Wissenschaftler ursprünglich meinten. Die Analyse hängt von zwei Dingen ab: der gegenwärtigen Expansionsrate des Universums und seiner gegenwärtigen durchschnittlichen Dichte (der Materiemenge in einem gegebenen Raumvolumen). Je schneller die Expansion, desto größer die Gravitationskraft, die erforderlich ist, um der Expansion Einhalt zu gebieten, und desto größer auch die nötige Materiedichte. Wenn die durchschnittliche Dichte einen bestimmten kritischen Wert überschreitet (abhängig von der Expansionsrate), gelingt es der Massenanziehung der Materie im Universum, die Expansion zum Stillstand zu bringen und den Kollaps einzuleiten – in Übereinstimmung mit dem ersten Friedmann-Modell. Unterschreitet die durchschnittliche Dichte den kritischen Wert, reicht die Massenanziehung nicht aus, um der Expansion Einhalt zu gebieten, und das Universum setzt seine Expansionsbewegung endlos fort – in Einklang mit Friedmanns zweitem Modell. Wenn schließlich die durchschnittliche Dichte des Universums genau der kritischen Zahl entspricht, verlangsamt das Universum seine Expansion unablässig und nähert sich einer statischen Größe immer weiter an, ohne sie jedoch je zu erreichen. Das entspricht dem dritten Friedmann-Modell.

Welches Modell ist nun das richtige? Das gegenwärtige Expansionstempo können wir bestimmen, indem wir mit Hilfe des Doppler-Effekts die Geschwindigkeiten messen, mit denen sich andere Galaxien von uns fortbewegen. Das ließe sich mit großer Genauigkeit machen. Doch leider sind die Entfernungen zu den anderen Galaxien nicht exakt bekannt, weil wir sie nur indirekt ermitteln können. So wissen wir nur, dass sich das Universum pro Jahrmilliarde um fünf bis zehn Prozent ausdehnt. Doch unsere Unsicherheit über die gegenwärtige durchschnittliche Dichte des Universums ist sogar noch größer. Wenn wir die Masse aller Sterne summieren, die wir in unserer und anderen Galaxien sehen können, so kommen wir insgesamt auf weniger als ein Hundertstel des Betrages, der, selbst bei niedrigster Schätzung der Expansionsgeschwindigkeit, erforderlich wäre, um die Expansion des Universums aufzuhalten.

Unsere und andere Galaxien müssen zusätzlich große Mengen «dunkler Materie» enthalten, die wir nicht direkt sehen können, die aber vorhanden sein müssen, weil sie mit ihrer Gravitation die Bahnen der Sterne in den Galaxien beeinflussen. Die besten Indizien liefern wohl die Sterne in den Außenbezirken von Spiralgalaxien wie unserer Milchstraße. Diese Sterne umrunden ihre Galaxien viel zu schnell, um durch die Massenanziehung der beobachteten galaktischen Sterne in ihren Bahnen gehalten werden zu können. Ferner kommen die meisten Galaxien in Haufen vor, und wir können in ähnlicher Weise auf noch mehr dunkle Materie zwischen den Galaxien in diesen Haufen schließen, da sich auch eine entsprechende Wirkung auf die Bewegung der Galaxien beobachten lässt. Tatsächlich übertrifft die Menge der dunklen Materie die Menge gewöhnlicher Materie im Universum erheblich. Wenn wir die dunkle Materie zusammenrechnen, so kommen wir nur auf ungefähr ein Zehntel der Menge, die erforderlich wäre, um die Ausdehnung zum Stillstand zu bringen. Wir können jedoch die Möglichkeit nicht ausschließen, dass es, nahezu gleichförmig über das Universum verteilt, noch irgendeine andere Materieform gibt, die wir bislang nicht entdeckt haben und die die durchschnittliche Dichte des Universums erhöhen würde. Beispielsweise gibt es ein bestimmtes Elementarteilchen, das Neutrino, das sehr schwach mit Materie wechselwirkt und außerordentlich schwer zu entdecken ist (unlängst hat man für ein Neutrino-Experiment unter der Erde einen Detektor verwendet, der mit 50 000 Tonnen Wasser gefüllt war). Früher glaubte man, das Neutrino sei masselos und habe daher keine Gravitations- oder Massenanziehung, nun haben Experimente in den letzten Jahren aber gezeigt, dass das Neutrino doch eine sehr geringe Masse besitzt, die den Messungen freilich bis dahin entgangen war. Da Neutrinos Masse haben, könnten sie eine Form der dunklen Materie bilden. Doch selbst bei der Annahme von dunkler Neutrino-Materie scheint es viel zu wenig Materie im Universum zu geben, um seine Expansion zum Stillstand zu bringen. Daher hätten die meisten Physiker – noch vor kurzer Zeit – die Meinung vertreten, dass man vom zweiten Friedmann-Modell auszugehen habe.

Dann gab es einige neue Beobachtungen. In den letzten Jahren haben mehrere Forschungsgruppen winzige Fluktuationen in der von Penzias und Wilson entdeckten Mikrowellen-Hintergrundstrahlung untersucht. Die Größe dieser Fluktuationen lässt sich als Indiz für die großräumige Geometrie des Universums werten: Sie scheint darauf schließen zu lassen, dass das Universum doch flach ist (wie im dritten Friedmann-Modell)! Da es nicht genügend Materie und dunkle Materie zu geben scheint, um das zu erklären, haben die Forscher die Existenz eines anderen, noch unentdeckten Stoffes vorgeschlagen – der dunklen Energie.

Um die Dinge zusätzlich zu komplizieren, legen weitere Beobachtungen aus jüngerer Zeit den Schluss nahe, dass sich das Expansionstempo des Universums nicht verlangsamt, sondern beschleunigt. Das ist in keinem der Friedmann-Modelle der Fall! Und es ist sehr merkwürdig dazu, da die Wirkung von Materie im All, egal, ob dicht oder weniger dicht, nur in einer Verlangsamung der Expansion bestehen kann. Schließlich ist die Gravitation eine Anziehungskraft. Die Beschleunigung der kosmischen Expansion ist etwa so, als würde die Explosion einer Bombe an Energie gewinnen, statt allmählich nachzulassen. Was für eine Kraft könnte dafür verantwortlich sein, den Kosmos noch rascher auseinander zu treiben? Das weiß noch niemand ganz genau, aber es könnte ein Indiz dafür sein, dass Einstein mit seiner Annahme der kosmologischen Konstanten (und ihrer Antigravitationseffekte) doch Recht hatte.

Dank der raschen Entwicklung neuer Technologien und großer neuer satellitengestützter Teleskope erfahren wir in rascher Folge neue und überraschende Dinge über das Universum. Daher haben wir heute eine recht klare Vorstellung von seinem Verhalten in der weiteren Zukunft: Das Universum wird seine Expansion in immer rascherem Tempo fortsetzen. Die Zeit wird endlos fortdauern, zumindest für diejenigen, die aufpassen, dass sie nicht in ein Schwarzes Loch fallen. Doch wie verhält es sich mit den Anfängen? Wie hat das Universum begonnen, und was löste seine Expansion aus?

KAPITEL ACHT

URKNALL, SCHWARZE LÖCHER UND DIE ENTWICKLUNG DES UNIVERSUMS

IN FRIEDMANNS ERSTEM MODELL des Universums ist die vierte Dimension, die Zeit, wie der Raum von endlicher Ausdehnung. Sie gleicht einer Linie mit zwei Enden oder Grenzen. Daher hat die Zeit ein Ende und auch einen Anfang. Tatsächlich haben alle Lösungen der Einstein-Gleichungen, in denen das Universum die tatsächlich beobachtete Materiemenge besitzt, eine wichtige Gemeinsamkeit: Der Abstand zwischen benachbarten Galaxien muss irgendwann in der Vergangenheit (vor etwa 13,7 Milliarden Jahren) null gewesen sein. Mit anderen Worten: Das gesamte uns bekannte Universum war in einem einzigen Raumpunkt mit dem Volumen null zusammengedrängt, wie etwa in einer Kugel mit dem Radius null. Damals müssen die Dichte des Universums und die Krümmung der Raumzeit unendlich gewesen sein. Das ist der Zeitpunkt, den wir Urknall nennen.

Alle unsere kosmologischen Theorien beruhen auf der Annahme, dass die Raumzeit glatt und nahezu flach ist. Daher brechen alle unsere Theorien am Urknall zusammen, das heißt, sie verlieren ihre Gültigkeit: Eine Raumzeit mit unendlicher Krümmung lässt sich schwerlich als nahezu flach bezeichnen! Also selbst wenn es Ereignisse vor dem Urknall gab, könnte man sie nicht verwenden, um zu bestimmen, was danach geschah, weil die Vorhersagbarkeit am Urknall zusammengebrochen wäre.

Wenn wir, wie es der Fall ist, nur wissen, was seit dem Urknall geschehen ist, können wir entsprechend auch nicht bestimmen, was vorher passierte. Soweit es uns betrifft, sind alle Ereignisse vor dem Urknall folgenlos und haben daher auch nichts in einem wissenschaftlichen Modell des Universums zu suchen. Wir müssen sie also aus dem Modell ausklammern und sagen, dass der Urknall der Anfang der Zeit war. Daraus folgt, dass Fragen wie etwa die, wer für die Bedingungen des Urknalls verantwortlich sei, nicht Gegenstand wissenschaftlicher Untersuchungen sein können.

Eine andere Unendlichkeit, die sich bei einem Universum von der Größe null ergibt, betrifft die Temperatur. Man geht davon aus, dass das Universum zur Zeit des Urknalls unendlich heiß gewesen ist. Mit der Expansion des Universums nahm die Temperatur der Strahlung ab. Da die Temperatur für Materieteilchen einfach ein Maß der durchschnittlichen Energie – oder Geschwindigkeit – der Teilchen ist, wirkte sich dieser Abkühlungsprozess des Universums nachhaltig auf die in ihm enthaltene Materie aus. Bei sehr hohen Temperaturen bewegten sich die Teilchen so schnell umher, dass sie jeglicher Anziehung entgehen konnten, die durch Kern- oder elektromagnetische Kraft ausgeübt wurde, doch bei weiterer Abkühlung dürften sich die Teilchen infolge dieser Anziehungskräfte zu Klumpen zusammengeballt haben. Also selbst die Teilchenarten, die es im Universum gibt, hängen von der Temperatur, und damit vom Alter des Universums, ab.

Aristoteles glaubte nicht, dass die Materie aus Teilchen bestehe. Er hielt die Materie für kontinuierlich, das heißt, er glaubte, man könnte ein Stück Materie unbegrenzt in immer kleinere und kleinere Teile zerlegen: Nie würde man auf ein Materiekorn stoßen, das sich nicht weiter zerteilen ließe. Einige Griechen jedoch, unter ihnen Demokrit, waren davon überzeugt, dass der Materie eine körnige Struktur eigen sei, und meinten, alles bestehe aus vielen verschiedenen Arten von Atomen. (Das Wort *atomos* bedeutet im Griechischen «unteilbar».) Wie wir wissen, trifft das zu – zumindest auf unsere Umwelt und den gegenwärtigen Zustand des Universums. Doch die Atome unseres Universums gibt es nicht seit ewigen Zeiten, sie sind nicht unteilbar, und sie repräsentieren nur einen kleinen Bruchteil der im Universum vorhandenen Teilchenarten.

Atome bestehen aus kleineren Teilchen: Elektronen, Protonen und Neutronen. Die Protonen und Neutronen selbst sind aus noch kleineren Teilchen, den Quarks, zusammengesetzt. Außerdem gibt es zu jedem dieser subatomaren Teilchen noch ein Antiteilchen. Antiteilchen besitzen die gleiche Masse wie ihre Geschwisterteilchen, sind aber deren genaues Gegenteil in Ladung und anderen Eigenschaften. Beispielsweise hat das Antiteilchen des Elektrons, das Positron, eine positive Ladung, also die entgegengesetzte Ladung des Elektrons. Es könnte ganze Antiwelten und Antimenschen aus Antiteilchen geben. Doch sollten Sie Ihrem Anti-Ich begegnen, geben Sie ihm nicht die Hand! Sie würden beide in einem großen Lichtblitz verschwinden.

Die Lichtenergie liegt in Form einer anderen Teilchenart vor, den masselosen Photonen. Der in unmittelbarer Nachbarschaft befindliche Kernbrennofen der Sonne ist für die Erde die wichtigste Photonenquelle. Die Sonne ist auch eine gewaltige Quelle für eine andere Teilchenart, die oben erwähnten Neutrinos (und Antineutrinos). Doch diese extrem leichten Teilchen wechselwirken kaum jemals mit Materie und durchqueren uns jede Sekunde milliardenfach ohne die geringste Wirkung. Alles in allem haben die Forscher Dutzende solcher Elementarteilchen entdeckt. Während das Universum seine komplizierte Entwicklung durchlief, hat sich im Laufe der Zeit auch das vielfältige Bild des Teilchenzoos entfaltet. Diese Entwicklung schuf die Voraussetzungen für die Existenz von Planeten wie der Erde und von Lebewesen wie uns.

Eine Sekunde nach dem Urknall war das Universum so weit expandiert, dass seine Temperatur auf ungefähr zehn Milliarden Grad gefallen war. Das ist etwa das Tausendfache der Temperatur, die im Mittelpunkt der Sonne herrscht. Doch solche Temperaturen werden durchaus bei

Wasserstoffbombenexplosionen erreicht. Das Universum enthielt zu diesem Zeitpunkt größtenteils Photonen, Elektronen und Neutrinos, deren Antiteilchen sowie einige Protonen und Neutronen. Diese Teilchen stießen mit so hoher Energie zusammen, dass sie viele verschiedene Teilchen-Antiteilchen-Paare erzeugten. Beispielsweise konnten kollidierende Photonen ein Elektron und sein Antiteilchen, das Positron, produzieren. Einige der gerade erzeugten Teilchen stießen mit einem Antiteilchen-Geschwister zusammen und vernichteten sich auf diese Weise. Jedes Mal, wenn sich ein Elektron und ein Positron treffen, vernichten sie sich, doch der umgekehrte Prozess ist nicht so einfach: Zwei masselose Teilchen, etwa zwei Photonen, können ein Teilchen-Antiteilchen-Paar wie ein

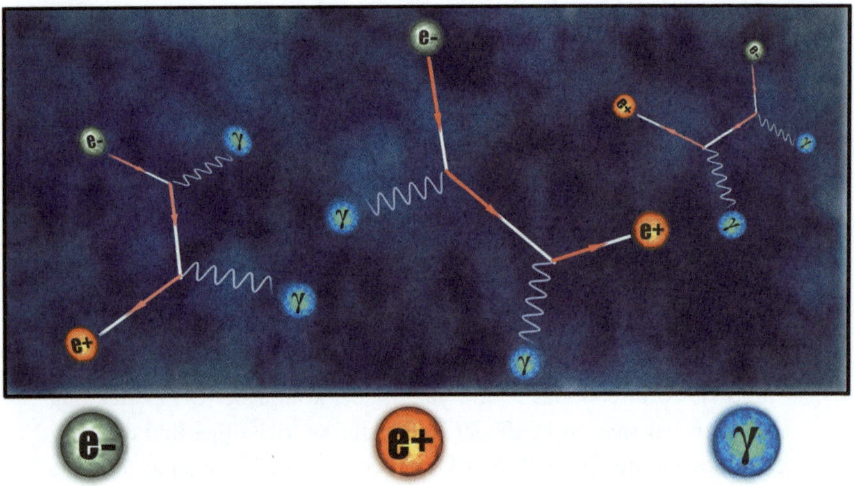

Photonen-Elektronen-Positronen-Gleichgewicht
Während die Temperatur des Universums fiel, verschob sich das Gleichgewicht zwischen Elektron-Positron-Paaren, die kollidierten und dabei Photonen erzeugten, und dem umgekehrten Prozess zugunsten der Photonenerzeugung, sodass es heute nur noch relativ wenige Elektronen gibt.

Elektron und ein Positron nur erzeugen, wenn sie bei ihrer Kollision eine bestimmte Minimalenergie besitzen. Ein Elektron und ein Positron besitzen nämlich Masse, und diese neue Masse muss aus der Energie der kollidierenden Teilchen entstehen. Während das Universum seine Expansion fortsetzte und die Temperatur weiter fiel, kamen Kollisionen, die genügend Energie besaßen, um Elektronen-Positronen-Paare zu bilden, seltener vor als Kollisionen, in denen sich diese Paare gegenseitig vernichteten. Schließlich vernichteten sich die meisten Elektronen und Antielektronen gegenseitig und erzeugten dabei Photonen, wobei nur wenige Elektronen übrig blieben. Die Neutrinos und Antineutrinos dagegen wechselwirken mit sich und mit anderen Teilchen nur sehr schwach, daher vernichteten sie sich nicht annähernd so rasch. Es müsste sie also heute noch geben. Wenn wir sie beobachten könnten, wäre das ein gutes Indiz für die These von einem sehr heißen Frühstadium des Universums, doch nach all den Jahrmilliarden dürfte ihre Energie heute so niedrig sein, dass wir sie nicht direkt beobachten – vielleicht aber indirekt nachweisen – können.

Etwa hundert Sekunden nach dem Urknall war die Temperatur auf etwa eine Milliarde Grad gefallen – die Temperatur im Innern der heißesten Sterne. Bei dieser Temperatur spielte die so genannte starke Kraft eine wichtige Rolle. Die starke Kraft, die wir in Kapitel elf ausführlicher erörtern werden, ist eine Anziehungskraft von kurzer Reichweite, die Protonen und Neutronen zu Atomkernen verbinden kann. Bei hohen Temperaturen hatten Protonen und Neutronen genügend Bewegungsenergie (vgl. Kapitel fünf), um Kollisionen frei und unabhängig zu überstehen. Doch bei einer Milliarde Grad reichte ihre Energie nicht mehr aus, um der Anziehung der starken Kernkraft zu entgehen: Sie verbanden sich zu Atomkernen des Deuteriums (des schweren Wasserstoffs), die ein Proton und ein Neutron enthalten. Die Deuteriumkerne verbanden sich ihrerseits mit weiteren Protonen und Neutronen zu Heliumkernen, die zwei Protonen und zwei Neutronen enthalten, in einigen seltenen Fällen auch zu den Kernen schwererer Elemente wie Lithium und Beryllium. Es lässt sich errechnen, dass im Modell des heißen Urknalls ungefähr ein Viertel der Protonen und Neutronen zu Kernen von Helium sowie einer geringen Menge schwerem Wasserstoff und anderen Elementen umgewandelt worden wären. Die restlichen Neutronen wären in Protonen, die Kerne gewöhnlicher Wasserstoffatome, zerfallen.

Dieses Bild eines heißen Frühstadiums des Universums wurde erstmals 1948 in einem berühmten Artikel vorgeschlagen, den der Physiker George Gamow gemeinsam mit seinem Studenten Ralph Alpher schrieb. Gamow hatte einen ausgeprägten Sinn für Humor – überredete er doch den Kernphysiker Hans Bethe dazu, als Koautor mitzuwirken. So erschien der Aufsatz unter den Namen Alpher, Bethe, Gamow, was sich ganz ähnlich wie die ersten drei Buchstaben des griechischen Alphabets anhörte, Alpha, Beta, Gamma. Wahrhaftig angemessen für eine Arbeit über den Anfang des Universums! Dieser Artikel enthielt die bemerkenswerte Vorhersage, dass aus den sehr heißen Frühstadien des Universums noch heute Strahlung (in Form von Photonen) vorhanden sein müsse, allerdings abgekühlt auf eine Temperatur von nur wenigen Grad über dem absoluten Nullpunkt. (Der absolute Nullpunkt, –273 Grad Celsius, ist die Temperatur, bei der Stoffe keine Wärmeenergie mehr besitzen und damit die niedrigstmögliche Temperatur.)

Genau diese Strahlung wurde von Penzias und Wilson 1965 entdeckt. Zu der Zeit, da Alpher, Bethe und Gamow ihren Artikel schrieben, war über die Kernreaktionen von Protonen und Neutronen wenig bekannt. Die Vorhersagen über die relative Häufigkeit verschiedener Elemente im frühen Universum waren deshalb ziemlich ungenau. Nachdem man diese Berechnungen jedoch auf der Grundlage neuerer Erkenntnisse wiederholt hat, decken sie sich weitgehend mit unseren Beobachtungen. Im Übrigen lässt sich anders kaum erklären, warum ein Viertel der Masse des Universums aus Helium besteht.

Doch es gibt Schwierigkeiten mit diesem Bild: In dem beschriebenen

Modell des heißen Urknalls blieb der Wärme im frühen Universum nicht genügend Zeit, um von einer Region in die andere zu gelangen. Das heißt, um zu erklären, warum der Mikrowellenhintergrund in allen Richtungen, in die wir blicken, die gleiche Temperatur aufweist, müsste auch der Anfangszustand des Universums überall exakt die gleichen Temperaturen gehabt haben. Die anfängliche Ausdehnungsgeschwindigkeit hätte zudem sehr genau festgelegt werden müssen, um zu erreichen, dass die gegenwärtige Expansionsgeschwindigkeit noch immer so nahe der kritischen Geschwindigkeit liegt, die erforderlich ist, um einen Rückfall in den Kollaps zu vermeiden. Warum das Universum gerade auf diese Weise angefangen haben sollte, wäre sehr schwer zu erklären, ohne das Eingreifen eines Gottes anzunehmen, der beabsichtigt hätte, Wesen wie uns zu erschaffen. In dem Bemühen, ein Modell des Universums zu entwickeln, in dem sich viele verschiedene Anfangszustände zu einem Gebilde wie dem gegenwärtigen Universum hätten entwickeln können, hat Alan Guth vom Massachusetts Institute of Technology die Vermutung geäußert, das frühe Universum könnte eine Zeit sehr rascher Ausdehnung durchlaufen haben. Eine solche Ausdehnung wird «inflationär» genannt, was heißen soll, dass sich das Universum während eines bestimmten Zeitraums mit zunehmender Geschwindigkeit ausgedehnt hat. Laut Guth wuchs der Radius des Universums in einem winzigen Sekundenbruchteil um das Million-Millionen-Millionen-Millionen-Millionenfache (eine 1 mit dreißig Nullen) an. Alle Unregelmäßigkeiten im Universum wurden durch die Expansionsbewegung geglättet, wie die Falten in einem Luftballon glatt gezogen werden, wenn man ihn aufbläst. Auf diese Weise erklärt die Inflationstheorie, wie sich der glatte und einheitliche Zustand des gegenwärtigen Universums aus einer Vielzahl möglicher ungleichförmiger Anfangszustände entwickelt haben könnte. Daher gehen wir mit einiger Zuversicht davon aus, dass wir das richtige Bild haben, zumindest ab einem Zeitpunkt, der eine milliardstel billionstel billionstel Sekunde nach dem Urknall liegt.

Nach diesem Aufruhr dürfte schon wenige Stunden nach dem Urknall die Entstehung von Helium und anderen Elementen wie Lithium beendet gewesen sein. Und danach setzte das Universum nach unserer Vorstellung eine Million Jahre lang seine Ausdehnungsbewegung einfach fort, ohne dass etwas Nennenswertes geschah. Nachdem die Temperatur schließlich auf ein paar tausend Grad gefallen war und die Elektronen und Kerne nicht mehr genügend Energie hatten, um ihre gegenseitige elektromagnetische Anziehung zu überwinden, begannen sie, sich zu Atomen zu verbinden. In seiner Gesamtheit setzte das Universum seine Ausdehnung und Abkühlung fort, doch in Regionen, deren Dichte etwas über dem Durchschnitt lag, wurde die Expansion durch zusätzliche Gravitationskräfte verlangsamt.

Diese Anziehungskraft brachte schließlich die Expansion in einigen Regionen zum Stillstand und leitete einen Rekollaps ein. Die Gravitationskräfte der Materie außerhalb der zusammenstürzenden Regionen könnten diese Regionen in eine leichte Rotationsbewegung versetzt haben. Je kleiner eine kollabierende Region wurde, desto schneller rotierte sie – wie Eisläufer sich schneller drehen, wenn sie die Arme an den Körper ziehen. Schließlich wurden die Regionen so klein, dass ihre Rotationsgeschwindigkeit die Gravitationskraft aufwog: Dies war die Geburt scheibenartig rotierender Galaxien.

Andere Regionen, die nicht in Rotation versetzt wurden, entwickelten sich zu ovalen Objekten, den elliptischen Galaxien. Hier kam der Kollaps der Region zum Stillstand, weil einzelne Teile der Galaxie in stabilen Bahnen um das Zentrum kreisten, während die Galaxie selbst nicht rotierte.

Im weiteren Verlauf, so vermutet man, teilte sich das Wasserstoff- und Heliumgas der Galaxien zu kleineren Wolken auf, die unter dem Einfluss der eigenen Schwerkraft zusammenstürzten. Bei ihrer Kontraktion und dem Zusammenstoß der Atome in ihrem Innern stieg die Temperatur des Gases, bis es schließlich so heiß wurde, dass es zu Kernfusionsreaktionen kam. Dadurch wurde weiterer Wasserstoff in Helium umgewandelt. Die Wärme, die bei dieser Reaktion – einer Art kontrollierter Wasserstoffbombenexplosion – frei wird, bringt den Stern zum Leuchten. Die freigesetzte Wärme steigert den Druck des Gases so lange, bis er der Gravitationsanziehung standhält und das Gas sich nicht weiter zusammenzieht. Auf diese Weise verdichten sich die Wolken zu Sternen wie unserer Sonne, die Wasserstoff zu Helium verbrennen und die resultierende Energie in Form von Wärme und Licht abstrahlen. Es besteht eine gewisse Ähnlichkeit mit einem Luftballon, bei dem sich der Luftdruck im Innern, der bestrebt ist, den Ballon auszudehnen, und die Spannung des Gummis, die bestrebt ist, den Ballon zusammenzuziehen, im Gleichgewicht befinden.

Nachdem sich die heißen Gaswolken zu Sternen verdichtet haben, bleiben sie in diesem Zustand – der Balance zwischen der Schwerkraft und der bei den Kernreaktionen frei werdenden Hitze – lange Zeit stabil. Schließlich gehen dem Stern jedoch der Wasserstoff und andere Kernbrennstoffe aus. Paradoxerweise verbraucht ein Stern umso rascher seinen Brennstoff, je mehr ihm davon anfangs zur Verfügung stand. Denn je mehr Masse ein Stern hat, desto heißer muss er sein, um seine Gravitationskraft auszugleichen, und je heißer er ist, desto rascher ist sein Brennstoffvorrat erschöpft. Unsere Sonne hat vermutlich noch Brennstoff für etwa fünf Milliarden Jahre. Doch massereichere Sterne können ihren Brennstoff schon nach hundert Millionen Jahren verbraucht haben, einem Zeitraum, der viel kürzer ist als die Existenz des Universums.

Wenn einem Stern der Brennstoff ausgeht, fängt er an, abzukühlen und sich somit zusammenzuziehen. Diese Kontraktion presst die Atome zusammen und bewirkt, dass der Stern wieder heißer wird. Wenn der Stern sich weiter aufheizt, beginnt er, Helium in schwerere Elemente wie Kohlenstoff und Sauerstoff zu verwandeln. Das setzt jedoch nicht viel Energie frei, daher kommt es zu einer Krise. Was dann geschieht, ist nicht in allen Einzelheiten verstanden; aller Wahrscheinlichkeit nach aber kollabiert der Stern weiter zu einem extrem dichten Zustand, etwa einem Schwarzen Loch. Die Bezeichnung «Schwarzes Loch» ist sehr jungen Datums. Der amerikanische Wissenschaftler John Wheeler prägte sie 1969, um einen anschaulichen Begriff von einer Idee zu liefern, die mindestens zweihundert Jahre zurückreicht bis in eine Zeit, als es zwei Theorien von der Natur des Lichts gab: eine, von Newton vertreten, dass es aus Teilchen, und eine andere, dass es aus Wellen bestehe. Wie wir heute wissen, sind beide Theorien richtig. Wie wir in Kapitel neun sehen werden, lässt sich Licht aufgrund des Welle-Teilchen-Dualismus der Quantenmechanik sowohl als Welle wie als Teilchen ansehen. Die Bezeichnungen «Welle» und «Teilchen» sind Begriffe, die sich Menschen ausgedacht haben, das heißt, die Natur ist nicht unbedingt gezwungen, sich an sie zu halten und dafür zu sorgen, dass alle Erscheinungen in die eine oder andere Kategorie fallen!

Ging man vom Wellencharakter des Lichts aus, blieb unklar, wie es auf die Schwerkraft reagiert. Doch stellte man sich vor, das Licht bestehe aus Teilchen, dann konnte man erwarten, dass es von der Schwerkraft in der gleichen Weise beeinflusst wird wie Kanonenkugeln, Raketen und Planeten. Wenn wir eine Kanonenkugel in die Luft schießen, wird sie irgendwann zur Erde zurückfallen, es sei denn, ihre Anfangsgeschwindigkeit überschreitet einen bestimmten Wert. Diese Geschwindigkeit heißt Fluchtgeschwindigkeit. Die Fluchtgeschwindigkeit eines Sterns hängt von der Stärke seiner Massenanziehung ab. Je massereicher der Stern, desto größer seine Fluchtgeschwindigkeit. Zunächst glaubte man, die Lichtteilchen würden sich unendlich schnell fortbewegen; deshalb könne die Schwerkraft sie nicht abbremsen. Doch aus der Entdeckung der endlichen Geschwindigkeit des Lichts durch Rømer folgte, dass die Schwerkraft eine ganz erhebliche Wirkung haben könnte: Besitzt der Stern genügend Masse, ist die Lichtgeschwindigkeit geringer als seine Fluchtgeschwindigkeit, mit dem Effekt, dass alles Licht, das der Stern ab-

Kanonenkugeln über und unter der Fluchtgeschwindigkeit
Was nach oben fliegt, muss nicht unbedingt wieder herunterkommen – wenn es nämlich schneller als mit der Fluchtgeschwindigkeit nach oben geschossen wird.

strahlt, wieder auf ihn zurückfällt. Von dieser Überlegung ausgehend, kam der Cambridge-Gelehrte John Michell in einem 1783 in den *Philosophical Transactions* der Londoner Royal Society veröffentlichten Artikel zu dem Ergebnis, ein Stern von hinreichender Masse und Dichte müsse ein so starkes Gravitationsfeld haben, dass ihm das Licht nicht entkommen könne: Alles von der Oberfläche des Sterns ausgesendete Licht würde von den Gravitationskräften des Sterns wieder zurückgezogen werden, bevor es noch sehr weit gelangt wäre. Solche Objekte bezeichnen wir heute als Schwarze Löcher, denn genau das sind sie: schwarze Leeren im Weltraum.

Einen ähnlichen Vorschlag unterbreitete einige Jahre später ein französischer Wissenschaftler, der Marquis de Laplace, offenbar unabhängig von Michell. Interessanterweise nahm Laplace die These nur in die erste und zweite Auflage seines Werks *Darstellung des Weltsystems* auf, während er sie in späteren Auflagen fortließ. Vielleicht hielt er sie für zu verrückt – die Teilchentheorie des Lichts fiel während des 19. Jahrhunderts in Ungnade, weil sich anscheinend alles durch die Wellentheorie erklären ließ. Im Grunde genommen ist es auch gar nicht zulässig, das Licht wie Kanonenkugeln in Newtons Gravitationstheorie zu behandeln, weil die Lichtgeschwindigkeit einen festen Wert hat. Wird eine Kanonenkugel von der Erde aus nach oben abgefeuert, so verlangsamt sie sich infolge der Schwerkraft, hält schließlich inne und fällt zurück; ein Photon dagegen muss seinen Weg nach oben mit gleich bleibender Geschwindigkeit fortsetzen. Eine schlüssige Theorie über die Wirkung der Gravitation auf das Licht liegt erst seit 1915 mit Einsteins allgemeiner Relativitätstheorie vor: Die Frage, was der allgemeinen Relativitätstheorie zufolge mit einem massereichen Stern geschehen würde, beantwortete 1939 der junge Amerikaner Robert Oppenheimer.

Heute stellt sich uns die Antwort wie folgt dar: Das Gravitationsfeld des Sterns lenkt die Lichtstrahlen in der Raumzeit von den Wegen ab, auf denen sie sich fortbewegen würden, wenn es den Stern nicht gäbe. Die Lichtkegel, die anzeigen, welchen Wegen Lichtblitze folgen, die von ihren Spitzen aus gesendet werden, sind in der Nähe der Oberfläche von Sternen leicht nach innen gekrümmt. Dies offenbart sich an der Krümmung des Lichts ferner Sterne, die während einer Sonnenfinsternis zu beobachten ist. Wenn sich der Stern zusammenzieht, wird das Gravitationsfeld an seiner Oberfläche stärker. (Wir können uns vorstellen, dass das Gravitationsfeld von einem Punkt im Zentrum des Sterns ausgeht; wenn der Stern schrumpft, rücken die Punkte an seiner Oberfläche näher an das Zentrum heran, daher sind sie einem stärkeren Feld unterworfen.) Unter dem Einfluss des stärkeren Feldes krümmen sich die Lichtkegel weiter nach innen. Wenn der schrumpfende Stern schließlich einen bestimmten kritischen Radius erreicht, wird das Gravitationsfeld an der Oberfläche so stark und die Krümmung der Lichtkegel nach innen so ausgeprägt, dass das Licht nicht mehr entweichen kann.

Nun kann sich nach der Relativitätstheorie nichts schneller fortbewegen als das Licht. Wenn somit Licht nicht mehr entkommen kann, gilt dies auch für alles andere: Alles wird durch das Gravitationsfeld zurückgezogen. Der kollabierte Stern hat eine Region der Raumzeit gebildet, aus der kein Entkommen zu einem fernen Beobachter möglich ist. Diese Region ist das Schwarze Loch. Ihre äußere Grenze wird als Ereignishorizont bezeichnet. Heute wissen wir dank der Teleskope, die Röntgen- und Gammastrahlen anstelle von sichtbarem Licht erfassen, dass Schwarze Löcher häufige Erscheinungen im All sind – weit häufiger als ursprünglich angenommen. Ein Satellit entdeckte indirekte Anzeichen für 1500 Schwarze Löcher in einem winzigen Ausschnitt des Himmels. Auch im Zentrum unserer Galaxis haben wir ein Schwarzes Loch gefunden, dessen Masse die der Sonne um mehr als das Millionenfache übertrifft. Dieses supermassive Schwarze Loch wird von einem Stern mit zwei Prozent der Lichtgeschwindigkeit umkreist, das ist mehr als die Durchschnittsgeschwindigkeit eines Elektrons, das den Kern eines Atoms umrundet!

Um zu verstehen, was man sähe, wenn man beobachtete, wie ein Stern zu einem Schwarzen Loch zusammenstürzt, muss man sich ins Gedächtnis rufen, dass es nach der Relativitätstheorie keine absolute Zeit gibt. Mit anderen Worten, jeder Beobachter hat sein eigenes Zeitmaß. Die Zeit für jemanden auf einem Stern wird infolge des Gravitationsfeldes anders verstreichen als für jemanden, der sich in einiger Entfernung von dem Stern befindet, weil das Gravitationsfeld an der Oberfläche des Sterns stärker ist.

Nehmen wir an, ein furchtloser Astronaut befindet sich auf der Oberfläche eines kollabierenden Sterns und bleibt auch während des Kollapses dort. Zu einem bestimmten Zeitpunkt auf seiner Uhr, sagen wir um 11:00 Uhr, unterschreitet der Stern bei seiner Kontraktion den kritischen Radius – das Gravitationsfeld wird so stark, dass ihm nichts mehr entrinnen kann. Stellen wir uns weiter vor, er soll nach seiner Uhr jede Sekunde ein Signal an ein Raumschiff senden, das in einer bestimmten Entfernung vom Mittelpunkt des Sterns kreist. Er beginnt mit seiner Übertragung um 10:59:58 Uhr, das heißt zwei Sekunden vor 11:00 Uhr. Was zeichnen seine Gefährten im Raumschiff auf?

Aus unserem obigen Gedankenexperiment, das uns an Bord eines anderen Raumschiffes versetzte, haben wir gelernt, dass die Gravitation die Zeit verlangsamt und dass sich dieser Effekt umso deutlicher ausprägt, je stärker die Gravitation ist. Der Astronaut auf dem Stern befindet sich in einem stärkeren Gravitationsfeld als seine Gefährten im Orbit, folglich entspricht eine Sekunde auf seiner Uhr mehr als einer Sekunde auf ihren Uhren. Während er am Zusammensturz des Sterns teilnimmt, wird das Kraftfeld, dem er unterworfen ist, immer stärker, folglich erscheint das Intervall zwischen seinen Signalen den Besatzungsmitgliedern des Raumschiffs immer länger. Diese Zeitdehnung ist um 10:59:59 Uhr noch sehr klein, daher müssen die Astronauten im Orbit nur etwas mehr als eine Sekunde warten, um nach dem 10:59:58-Signal ihres Kollegen das Signal zu empfangen, das er sandte, als seine Uhr 10:59:59 anzeigte. Doch buchstäblich ewig werden sie auf das 11:00-Signal warten.

Alles, was (nach der Uhr des Astronauten) zwischen 10:59:59 und 11:00 Uhr geschähe, breitete sich, vom Raumschiff aus gesehen, über einen unendlichen Zeitraum aus. Je näher 11:00 rückte, desto länger würde das Zeitintervall zwischen dem Eintreffen aufeinander folgender Wellenberge und -täler des von dem Stern ausgesandten Lichts – genauso wie der Zeitraum zwischen den Signalen des Astronauten. Da die Frequenz des Lichts ein Maß für die Zahl der Wellenberge und -täler pro

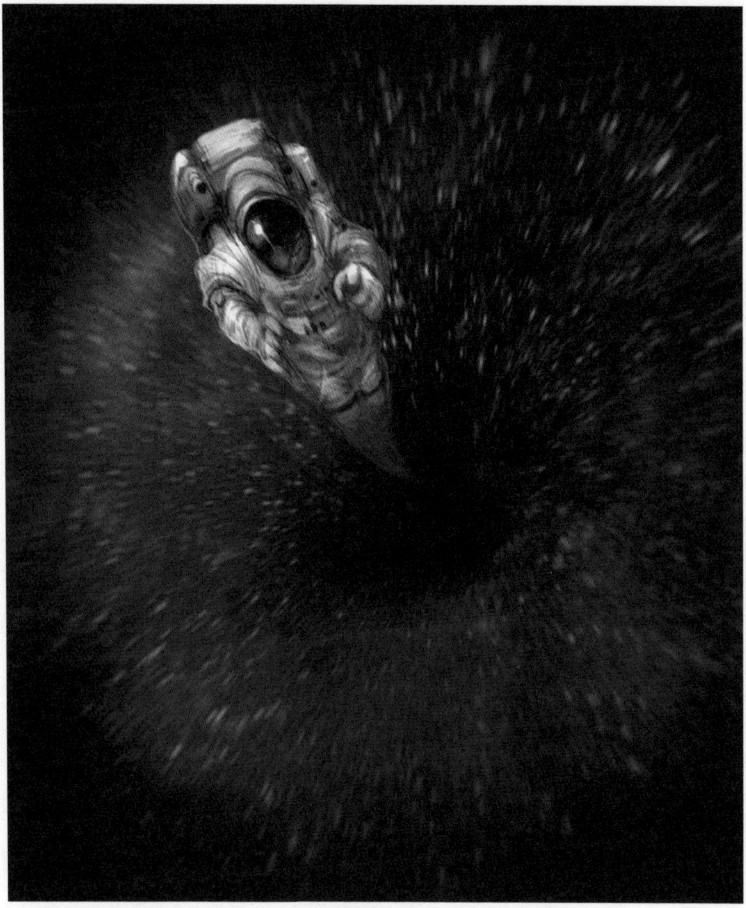

Gezeitenkraft

Da die Gravitationskraft mit dem Abstand von der Erde abnimmt, übt sie auf Ihren Kopf geringere Kraft aus als auf Ihre Füße, die sich ein oder zwei Meter näher am Erdmittelpunkt befinden. Der Unterschied ist so gering, dass Sie ihn nicht spüren können, doch ein Astronaut nahe der Oberfläche eines Schwarzen Lochs würde buchstäblich auseinander gerissen werden.

Sekunde ist, würde die Besatzung des Raumschiffs die Frequenz des vom Stern eintreffenden Lichts als immer niedriger und niedriger erleben. Daher erscheint das vom Stern kommende Licht immer röter und röter und schwächer und schwächer. Schließlich ist der Stern so dunkel, dass man ihn vom Raumschiff aus nicht mehr sehen könnte: Es bleibt nur ein Schwarzes Loch im Weltraum. Trotzdem übt der Stern nach wie vor die gleiche Gravitationskraft auf das Raumschiff aus, solange es um das Schwarze Loch kreist.

Allerdings ist das Szenario nicht ganz realistisch, weil es ein Problem unberücksichtigt lässt: Je weiter man vom Stern entfernt ist, desto schwächer wird die Gravitation; deshalb wäre die Schwerkraft, die auf die Füße unseres furchtlosen Astronauten einwirkte, stets größer als die Kraft, der sein Kopf ausgesetzt wäre. Diese unterschiedlich starken Kräfte würden ihn wie Spaghetti in die Länge ziehen oder ihn sogar zerreißen, noch bevor der Stern bei seinem Zusammensturz jenen kritischen Radius erreicht hätte, bei dem sich der Ereignishorizont bildet! Wir glauben jedoch, dass es im Universum noch weit größere Objekte gibt, etwa die Zentralregionen von Galaxien, die in einem Gravitationskollaps ebenfalls zu Schwarzen Löchern kollabieren können, wie das supermassive Schwarze Loch im Zentrum unserer Galaxis. Ein Astronaut auf einem solchen Objekt würde nicht vor der Bildung des Schwarzen Loches entzweigerissen werden, ja er würde beim Erreichen des kritischen Radius noch nicht einmal irgendetwas Besonderes spüren. So könnte er den Punkt, von dem aus es keine Rückkehr mehr gäbe, überschreiten, ohne es zu bemerken – obwohl seine Signale für die Beobachter draußen in immer größeren Abständen erfolgen und schließlich ganz verstummen würden. Doch innerhalb weniger Stunden (nach dem Zeitmaß des Astronauten) würde mit dem weiteren Kollaps der Region der stetig wachsende Unterschied zwischen den Gravitationskräften, die auf seinen Kopf und auf seine Füße einwirkten, schließlich auch ihn zerreißen.

Manchmal werden beim Kollaps eines sehr massereichen Sterns seine äußeren Regionen in einer ungeheuren Explosion, einer so genannten Supernova, fortgeschleudert. Eine Supernova-Explosion ist so gewaltig, dass sie mehr Licht abstrahlen kann als alle anderen Sterne in ihrer Galaxie zusammen. Ein Beispiel ist die Supernova im Crab-Nebel. Die Chinesen zeichneten sie 1054 auf. Obwohl sich der Stern, der explodierte, in einer Entfernung von 5000 Lichtjahren befand, war er monatelang mit bloßem Auge zu sehen und strahlte so hell, dass er tagsüber erkennbar war und nachts so viel Licht lieferte, dass man lesen konnte. Eine Supernova, die 500 Lichtjahre entfernt wäre – also nur einen Zehntel des Abstands hätte –, wäre hundertmal so hell und würde buchstäblich die Nacht in den Tag verwandeln. Um die Gewalt einer solche Explosion zu verstehen, müssen wir uns nur vorstellen, dass ihr Licht es mit dem der Sonne aufnehmen könnte, obwohl die Supernova zehn Millionen Mal weiter weg wäre (unsere Sonne ist nur acht Lichtminuten entfernt, befindet sich also in unserer unmittelbaren Nachbarschaft). Eine Supernova könnte auch so nahe stattfinden, dass sie die Erde zwar unversehrt ließe, aber trotzdem genügend Strahlung emittierte, um alles Leben auf unserem Globus zu vernichten. Tatsächlich hat man vor kurzem die Hypothese geäußert, ein Massensterben von Meereslebewesen, das vor zwei Millionen Jahren stattfand, sei durch die kosmischen Strahlen einer Supernova in einem nahen Sternhaufen, der Scorpius-Centaurus-Assoziation, ausgelöst worden. Einige Wissenschaftler glauben, dass höher entwickeltes Leben in der Regel nur in Galaxieregionen entstehen könne, in denen es nicht zu viele Sterne gibt – in so genannten Lebenszonen –, weil in dichteren Regionen Phänomene wie Supernovae so häufig wären, dass sie regelmäßig alle evolutionären Anfänge im Keim ersticken würden. Im Durchschnitt finden jeden Tag irgendwo im Universum viele hunderttausend Supernovae statt. In einer beliebigen Galaxie ereignet sich eine Supernova rund einmal pro Jahrhundert. Doch das sind nur Durchschnittszahlen. In der Milchstraße wurde die letzte Supernova leider – zumindest, was die Astronomen angeht – 1604 aufgezeichnet, als das Teleskop noch nicht erfunden worden war.

Der heißeste Kandidat für die nächste Supernova-Explosion in unserer Galaxis ist der Stern Rho Cassiopeiae. Glücklicherweise ist er sichere und beruhigende 10000 Lichtjahre von uns entfernt. Er gehört der Klasse der gelben Überriesen an und ist damit einer von lediglich sieben in der Milchstraße bekannten Sternen dieser Klasse. 1993 begann ein internationales Astronomenteam, den Stern zu untersuchen. Im Laufe der Jahre beobachteten sie, dass er periodischen Temperaturschwankungen von einigen hundert Grad unterworfen ist. Im Sommer 2000 fiel seine Temperatur dann von rund 7000 Grad plötzlich auf 4000 Grad Celsius. Während dieser Zeit entdeckten die Forscher in der Atmosphäre des Sterns auch Titanoxid, von dem sie annehmen, dass es zu einer Schale gehört, die der Stern durch heftige Schockwellen fortgeschleudert hat.

In einer Supernova werden einige der schwereren Elemente, die der Stern gegen Ende seines Lebens gebildet hat, in den Raum hinausgeschleudert und sind ein Teil des Rohmaterials für die nächste Sternengeneration der betreffenden Galaxie. Unsere Sonne enthält etwa zwei Prozent dieser schwereren Elemente. Sie ist ein Stern der zweiten oder dritten Generation, der sich vor etwa fünf Milliarden Jahren aus einer rotierenden Gaswolke mit den Überresten früherer Supernovae gebildet hat. Der größte Teil dieses Gases entwickelte sich zur Sonne oder wurde fortgeschleudert, doch ein kleiner Anteil der schwereren Elemente schloss sich zu den Körpern zusammen, die heute, wie die Erde, die Sonne umkreisen. Das Gold in unseren Juwelen und das Uran in unseren Kernreaktoren sind Relikte jener Supernovae, die sich ereigneten, bevor es unser Sonnensystem gab!

Unmittelbar nach ihrer Kondensation war die Erde heiß und ohne Atmosphäre. Im Laufe der Zeit kühlte sie ab und erhielt durch die Gasemissionen des Gesteins eine Atmosphäre. In dieser frühen Atmosphäre hätten wir nicht leben können. Sie enthielt keinen Sauerstoff, sondern viele Gase, die für uns giftig sind, zum Beispiel Schwefelwasserstoff (das Gas, dem verdorbene Eier ihren unangenehmen Geruch verdanken). Es gibt jedoch primitive Formen des Lebens, die unter solchen Bedingungen existieren können. Man nimmt an, dass sie sich im Meer entwickelt haben, möglicherweise dank Zufallsverbindungen von Atomen zu größeren Strukturen, so genannten Makromolekülen, die in der Lage waren, andere Atome im Meer zu ähnlichen Strukturen zusammenzusetzen. Auf diese Art könnten sie sich reproduziert und vermehrt haben. In einigen Fällen wird es zu Reproduktionsfehlern gekommen sein. Die meisten Fehler dürften dazu geführt haben, dass sich die neuen Makromoleküle nicht mehr reproduzieren konnten und schließlich verschwanden. Doch einige wenige Fehler haben vermutlich neue Makromoleküle hervorgebracht, die zu noch besserer Reproduktion fähig waren. Sie waren deshalb im Vorteil und haben allmählich die ursprünglichen Makromoleküle ersetzt. Auf diese Weise wurde ein Evolutionsprozess eingeleitet, der zur Entwicklung immer komplizierterer reproduktionsfähiger Organismen führte. Die ersten primitiven Lebensformen haben verschiedene Stoffe aufgenommen, unter anderem Schwefelwasserstoff, und Sauerstoff freigesetzt. Dieser Austausch veränderte die Atmosphäre allmählich, bis sie die Zusammensetzung annahm, die wir heute vorfinden und die die Entwicklung höherer Lebensformen wie die der Fische, Reptilien, Säugetiere und schließlich des Menschen ermöglichte.

Im 20. Jahrhundert wandelte sich unser Bild vom Universum: Wir erkannten, wie unbedeutend unser Planet in der Weite des Universums ist; wir entdeckten, dass Zeit und Raum gekrümmt und untrennbar miteinander verschränkt sind, dass das Universum expandiert und einen Anfang in der Zeit hat.

Das Konzept eines Universums, das sehr heiß begann und bei seiner Expansion abkühlte, beruht auf Einsteins Relativitätstheorie. Die Tatsache, dass es mit allen heute vorliegenden Beobachtungen übereinstimmt, ist ein großer Triumph für diese Theorie. Doch die Mathematik kann im

Grunde nicht mit unendlichen Zahlen umgehen – da also die allgemeine Relativitätstheorie vorhersagt, dass das Universum mit dem Urknall begann, einer Zeit, wo die Dichte des Universums und die Raumzeitkrümmung unendlich waren, sagt sie einen Punkt in der Geschichte des Universums voraus, an dem die Theorie selbst zusammenbricht oder ihre Geltung verliert. Dieser Punkt ist ein Beispiel für das, was Mathematiker eine Singularität nennen. Wenn eine Theorie Singularitäten wie unendliche Temperaturen, Dichten oder Krümmungen voraussagt, ist daraus zu schließen, dass die Theorie in irgendeiner Weise nachgebessert werden muss. Die allgemeine Relativitätstheorie ist eine unvollständige Theorie, weil sie uns nicht sagen kann, wie das Universum begann.

Neben der allgemeinen Relativitätstheorie hat das 20. Jahrhundert noch eine weitere große Teiltheorie der Natur hervorgebracht, die Quantenmechanik. Diese Theorie behandelt Phänomene, die sich in sehr kleinen Größenverhältnissen ereignen. Aus unserem Konzept des Urknalls folgt, dass es eine Zeit gegeben haben muss, in der das Universum so winzig war, dass wir, selbst wenn wir die «großräumige» Struktur des Universums ins Auge fassen, die auf kleinste Verhältnisse beschränkten Effekte der Quantenmechanik nicht außer Acht lassen dürfen. Wie wir im nächsten Kapitel sehen werden, liegt unsere größte Hoffnung, das Universum von Anfang bis Ende vollständig zu verstehen, in einer Vereinigung der beiden Teiltheorien zu einer einzigen Quantentheorie der Gravitation, einer Theorie, in der die wissenschaftlichen Gesetze überall gelten, auch am Anfang der Zeit, ohne dass dort Singularitäten aufträten.

KAPITEL NEUN

QUANTENGRAVITATION

DER ERFOLG WISSENSCHAFTLICHER THEORIEN, vor allem der Newton'schen Gravitationstheorie, verleitete den Marquis de Laplace zu Beginn des 19. Jahrhunderts zu der Behauptung, das Universum sei vollständig deterministisch. Laplace war der Meinung, es müsse ein System wissenschaftlicher Gesetze geben, das uns – zumindest theoretisch – ermöglichen würde, alles vorherzusagen, was im Universum geschehe. Der einzige Input, den diese Gesetze brauchten, sei die vollständige Kenntnis vom Zustand des Universums zu einem beliebigen Moment. Das ist die so genannte «Anfangs-» oder «Randbedingung». (Ein Rand kann dabei eine Grenze im Raum oder in der Zeit bedeuten; eine Randbedingung im Raum ist der Zustand des Universums an seiner äußeren Grenze – wenn es sie denn gibt.) Laplace glaubte, mit den erforderlichen Gesetzen und den richtigen Anfangs- oder Grenzbedingungen müssten wir in der Lage sein, den Zustand des Universums zu einem beliebigen Zeitpunkt vollständig zu berechnen.

Die Bedeutung der Anfangsbedingungen leuchtet wahrscheinlich intuitiv ein: Unterschiedliche Zustände in der Gegenwart müssen zwangsläufig zu unterschiedlichen Zuständen in der Zukunft führen. Die Notwendigkeit von räumlichen Randbedingungen ist etwas schwerer zu verstehen, beruht aber auf dem gleichen Prinzip. Die Gleichungen, mit denen physikalische Theorien arbeiten, haben meist eine Anzahl verschiedener Lösungen, daher müssen wir uns an die Anfangs- oder Randbedingungen halten, um zu entscheiden, welche Lösungen zur Beschreibung einer gegebenen Situation geeignet sind. Es ist ein bisschen so, als würden auf Ihrem Bankkonto große Summen eingezahlt und abgehoben. Ob sie am Ende ein Bankrotteur oder ein reicher Mann sind, hängt nicht nur von den eingezahlten oder abgehobenen Summen ab, sondern auch von der Rand- oder Anfangsbedingung, das heißt von der Frage, wie viel zu Beginn auf dem Konto war.

Hätte Laplace Recht, würden uns diese Gesetze, wenn der gegenwärtige Zustand des Universums gegeben wäre, den Zustand es Universums in der Zukunft wie in der Vergangenheit verraten. Wenn beispielsweise die Aufenthaltsorte und die Geschwindigkeiten der Sonne und der Planeten bekannt sind, können wir mit Hilfe der Newton'schen Gesetze den Zustand des Sonnensystems zu jedem späteren oder früheren Zeitpunkt ausrechnen. Im Fall der Planeten scheint der Determinismus auf der Hand zu liegen – schließlich können Astronomen Ereignisse wie Sonnenfinsternisse sehr genau vorhersagen. Doch Laplace gab sich damit nicht zufrieden und behauptete, auch alles andere, einschließlich des menschlichen Verhaltens, würde von entsprechenden Gesetzen bestimmt.

Können Wissenschaftler wirklich alle unsere künftigen Handlungen berechnen? Ein Glas Wasser enthält mehr als 10^{24} (eine 1 mit 24 Nullen) Moleküle. In der Praxis können wir unmöglich erwarten, den Zustand von ihnen allen zu kennen, ganz zu schweigen von dem «vollständigen Zustand» des Universums oder auch nur unseres Körpers. Doch die Aussage, das Universum sei deterministisch, heißt, dass unsere Zukunft, selbst wenn wir nicht die Verstandeskraft besitzen, die Rechnung auszuführen, genau vorherbestimmt ist.

Der Grundsatz des wissenschaftlichen Determinismus rief viele Gegner auf den Plan, die ihn heftig attackierten, da sie meinten, er beschränke Gottes Freiheit, in die Welt einzugreifen. Dennoch bestimmte er das wissenschaftliche Denken bis zum Anfang des 20. Jahrhunderts. Eines der ersten Anzeichen dafür, dass man diese Überzeugung würde aufgeben müssen, zeigte sich, als die englischen Wissenschaftler Lord

Rayleigh und Sir James Jeans die Menge der Schwarzkörperstrahlung berechneten, die ein heißes Objekt wie ein Stern emittieren sollte (wie in Kapitel sieben erläutert, gibt jeder Körper bei Erwärmung Schwarzkörperstrahlung ab).

Nach den damals für gültig gehaltenen Gesetzen hätte ein heißer Körper gleich viel an elektromagnetischen Wellen jeglicher Frequenz abgeben müssen. Träfe dies zu, würde er in jeder Spektralfarbe des sichtbaren Lichts sowie bei allen Frequenzen der Mikrowellen, Radiowellen, Röntgenstrahlen und so fort gleiche Mengen an Energie abstrahlen. Wie erwähnt, ist die Frequenz einer Welle die Zahl, die angibt, wie oft die Welle auf und ab schwingt, das heißt die «Anzahl der Wellen pro Sekunde».

Wenn ein heißer Körper Wellen in allen Frequenzen abgäbe, würde das mathematisch bedeuten, dass er die gleiche Energiemenge in Wellen mit Frequenzen zwischen null und einer Million Wellen pro Sekunde abstrahlte, zwischen zwei und drei Millionen Wellen pro Sekunde und so fort, ohne Ende. Sagen wir, eine Energieeinheit wird in Wellen mit Frequenzen zwischen null und einer Million Wellen pro Sekunde und in jedem weiteren Intervall abgestrahlt. Dann ist die Energiemenge, die insgesamt in allen Frequenzen emittiert wird, gleich der Summe eins plus eins ... und so weiter, in endloser Folge. Da die Zahl der Wellen pro Sekunde unbegrenzt hohe Werte annehmen kann, ist auch die Summe der Energien endlos. Nach dieser Überlegung müsste die abgestrahlte Gesamtenergie unendlich sein.

Um dieses offensichtlich lächerliche Resultat zu vermeiden, schlug Max Planck 1900 vor, dass Licht, Röntgenstrahlen und andere elektromagnetische Strahlen nur in bestimmten Paketen, so genannten Quanten, abgegeben werden können. Heute bezeichnen wir ein Lichtquant als Photon. Je höher die Frequenz des Lichts, desto größer sein Energieinhalt. Obwohl Photonen einer gegebenen Farbe und Frequenz alle identisch sind, sagt Plancks Theorie aus, dass sich Photonen verschiedener

Frequenzen insofern unterscheiden, als sie verschiedene Energiemengen tragen. In der Quantentheorie hat also das «schwächste» Licht einer gegebenen Farbe – das Licht, das von einem einzelnen Photon getragen wird – einen Energiegehalt, der von seiner Farbe abhängt. Da violettes Licht beispielsweise eine doppelt so große Frequenz besitzt wie rotes Licht, besitzt ein Quantum violettes Licht den doppelten Energiegehalt eines Quantums von rotem Licht. Damit ist also die kleinstmögliche Menge violetten Lichts doppelt so groß wie die kleinstmögliche Energiemenge roten Lichts.

Wieso ist das eine Lösung für das Schwarzkörperproblem? Die kleinste elektromagnetische Energiemenge, die ein Schwarzkörper in einer beliebigen Frequenz emittieren kann, wird von einem Photon dieser Frequenz getragen. Die Energie eines Photons ist größer bei höheren Frequenzen. Damit ist auch die kleinste Energiemenge, die ein Schwarzkörper abstrahlen kann, bei höheren Frequenzen größer. Sind die Frequenzen hoch genug, ist die Energiemenge in einem einzigen Quantum größer als die Energie, die dem betreffenden Körper insgesamt zur Verfügung steht. Dann wird kein Licht emittiert, womit die Summe, die den Forschern zuvor endlos schien, ein Ende findet. Durch Plancks Theorie wird die Strahlungsmenge bei höheren Frequenzen reduziert, der Energieverlust des Körpers endlich und das Schwarzkörperproblem gelöst.

Die Quantenhypothese lieferte eine sehr gute Erklärung für die Strahlenemissionsrate heißer Körper, doch auf ihre Konsequenzen für den Determinismus wurde man erst 1926 aufmerksam, als ein anderer deutscher Physiker, Werner Heisenberg, seine berühmte Unschärferelation formulierte.

Die Unschärferelation lehrt uns – anders, als Laplace meinte –, dass die Natur unserer Fähigkeit, die Zukunft mit Hilfe wissenschaftlicher Gesetze vorauszusagen, Grenzen setzt. Denn um die künftige Position und Geschwindigkeit eines Teilchens vorherzusagen, muss man seinen Anfangszustand – seine gegenwärtige Position und Geschwindigkeit –

Das schwächstmögliche Licht
Schwaches Licht bedeutet weniger Photonen.
Das schwächstmögliche Licht jeder Farbe ist das Licht, das von einem einzigen Photon getragen wird.

genau messen können. Dazu bietet sich an, das Teilchen mit Licht zu bestrahlen. Einige Lichtwellen werden von dem Teilchen gestreut. Die kann ein Beobachter nachweisen und an ihnen die Position des Teilchens erkennen. Doch wird man auf diese Weise die Position nur so genau bestimmen können, wie der Abstand zwischen den Bergen der Lichtwellen zulässt. Deshalb muss man Licht mit möglichst kurzer Wellenlänge benutzen, um zu exakten Messergebnissen zu kommen. Nun ist es nach der Planck'schen Quantenhypothese nicht möglich, eine beliebig kleine

Lichtmenge zu benutzen; man muss mindestens ein einziges Quant verwenden. Dessen Energie wächst aber mit der Frequenz an. Dieses Quant wird auf das Teilchen einwirken und seine Geschwindigkeit in nicht vorhersagbarer Weise verändern. Je genauer Sie also die Position eines Teilchens messen wollen, desto energiereicher müssen die Lichtquanten sein, mit denen Sie es beschießen.

Nach der Quantentheorie bedeutet schon ein einziges Lichtteilchen eine Störung des Teilchens: Es ändert seine Geschwindigkeit in einer Weise, die sich nicht voraussagen lässt. Je energiereicher das verwendete Lichtquant, desto größer die Wahrscheinlichkeit einer Störung. Nun braucht man, um den Aufenthaltsort eines Teilchens genauer zu messen, ein energiereicheres Quant, woraus folgt, dass die Geschwindigkeit des Teilchens stärker gestört wird. Mit anderen Worten: Je genauer man die Position des Teilchens zu messen versucht, desto ungenauer lässt sich seine Geschwindigkeit messen, und umgekehrt. Heisenberg wies nach, dass die Ungewissheit hinsichtlich der Position des Teilchens mal der Ungewissheit hinsichtlich seiner Geschwindigkeit mal seiner Masse einen bestimmten Wert nie unterschreiten kann. Daraus folgt beispielsweise, dass Sie die Ungewissheit in der Geschwindigkeit verdoppeln müssen, um die Ungewissheit in der Position zu halbieren, und umgekehrt. Die Natur legt uns auf ewig Fesseln an, indem sie uns zu diesem Kompromiss zwingt.

Wie schlimm ist dieser Kompromiss? Das hängt vom numerischen Wert jener festen Größe ab, von der oben die Rede war. Diese Größe bezeichnet man als Planck'sche Konstante. Es handelt sich um eine winzige Zahl. Da die Planck'sche Konstante so klein ist, sind die Auswirkungen des Kompromisses, und der Quantentheorie im Allgemeinen, in unserer Alltagswelt so wenig zu bemerken wie die Effekte der Relativitätstheorie. (Allerdings wirken die Einflüsse der Quantentheorie durchaus in unser Leben hinein – etwa als Grundlage von technischen Feldern wie der modernen Elektronik.) Wenn wir beispielsweise die Geschwindigkeit eines Tischtennisballs mit einer Masse von einem Gramm auf einen Zentimeter pro Sekunde genau bestimmen, können wir seine Position mit einer Genauigkeit ermitteln, die weit größer ist als erforderlich. Doch wenn wir den Aufenthaltsort eines Elektrons mit einer Genauigkeit messen, die ungefähr den Ausmaßen eines Atoms entspricht, können wir seine Geschwindigkeit nur mit einer Zuverlässigkeit von plus/minus 1000 Kilometern pro Sekunde bestimmen, was nicht gerade sehr genau ist.

Dieser Grenzwert hängt nicht davon ab, wie man die Position oder Geschwindigkeit des Teilchens zu messen versucht, auch nicht von der Art des Teilchens: Die Heisenberg'sche Unschärferelation ist eine fundamentale, unausweichliche Eigenschaft der Welt und hat weit reichende Folgen für unsere Sicht der Welt.

Selbst heute, nach mehr als siebzig Jahren, haben viele Philosophen diese Konsequenzen noch nicht in ihrer vollen Bedeutung erfasst, und sie sind nach wie vor Gegenstand heftiger Kontroversen. Die Unschärferelation beendete den Laplace'schen Traum von einer absolut deterministischen Wissenschaftstheorie, einem vollkommen determinierten Modell des Universums: Man kann künftige Ereignisse sicherlich nicht exakt voraussagen, wenn man noch nicht einmal in der Lage ist, den gegenwärtigen Zustand des Universums genau zu messen!

Wir könnten uns natürlich vorstellen, für ein übernatürliches Wesen, das den gegenwärtigen Zustand des Universums im Unterschied zu uns beobachten kann, ohne ihn zu stören, gebe es Naturgesetze, die alle Ereignisse vollständig determinieren. Doch solche Modelle des Universums sind ohne großes Interesse für uns Normalsterbliche. Wir sollten uns lieber an jenes ökonomische Prinzip halten, das als Ockhams Rasiermesser bezeichnet wird, und alle Elemente der Theorie herausschneiden, die sich nicht beobachten lassen. Dieser Ansatz veranlasste Heisenberg, Erwin Schrödinger und Paul Dirac in den zwanziger Jahren dazu, die Newton'sche Mechanik zu revidieren, sodass eine neue Theorie entstand, die

Quantenmechanik, die auf der Unschärferelation beruht. In dieser Theorie haben Teilchen nicht mehr getrennte, genau definierte Positionen und Geschwindigkeiten, sondern befinden sich stattdessen in einem Quantenzustand, der eine Kombination aus Orten und Geschwindigkeiten darstellt, die nur in den Grenzen der Unschärferelation definiert sind.

Eine der revolutionären Eigenschaften der Quantenmechanik besteht darin, dass sie nicht ein bestimmtes Ergebnis für eine Beobachtung voraussagt, sondern eine Reihe verschiedener möglicher Resultate, und angibt, mit welcher Wahrscheinlichkeit jedes von ihnen eintreffen wird. Mit anderen Worten: Nähme man die gleiche Messung an einer großen Zahl ähnlicher Systeme mit gleichen Anfangsbedingungen vor, so erhielte man in einer bestimmten Zahl von Fällen das Ergebnis A, in einer anderen Zahl von Fällen das Ergebnis B und so fort, aber es wäre unmöglich, das spezifische Ergebnis einer einzelnen Messung zu prognostizieren.

Stellen Sie sich beispielsweise vor, Sie werfen einen Pfeil auf ein Dartboard. Nach den klassischen – das heißt den alten, nichtquantenmechanischen – Theorien wird der Pfeil entweder ins Schwarze treffen oder es verfehlen. Wenn Sie die Geschwindigkeit des Pfeils beim Abwurf, die Schwerkraft und so fort kennen, können Sie berechnen, ob er trifft oder vorbeigeht. Doch die Quantentheorie teilt uns mit, dass diese Annahme falsch ist, dass Sie es nicht mit Sicherheit vorhersagen können. Nach der Quantentheorie besteht vielmehr eine gewisse Wahrscheinlichkeit, dass der Pfeil ins Schwarze trifft, und auch eine von null verschiedene Wahrscheinlichkeit, dass er in jedem anderen Bereich des Boards landet. Wenn die klassische Theorie – in diesem Fall Newtons Theorie – bei einem Objekt von der Größe eines Pfeils sagt, er werde ins Schwarze treffen, können wir mit Sicherheit davon ausgehen, dass er es auch wirklich tut. Zumindest ist die Wahrscheinlichkeit eines Misserfolgs (nach der Quantentheorie) extrem gering, daher werden Sie wahrscheinlich bis zum Ende des Universums nicht beobachten, dass der Pfeil sein Ziel verfehlt, wenn Sie ihn stets auf genau die gleiche Weise werfen. Doch bei atomaren Größenverhältnissen liegen die Dinge anders. Bei einem Pfeil, der aus einem einzigen Atom besteht, könnte die Wahrscheinlichkeit, dass er ins Schwarze trifft, 90 Prozent betragen, mit einer fünfprozentigen Chance, irgendwo anders auf dem Board aufzutreffen, und mit einer weiteren Wahrscheinlichkeit von fünf Prozent, es ganz zu verfehlen. Das tatsächliche Ergebnis lässt sich nicht prognostizieren. Sie können lediglich sa-

Verschmierte Quantenposition

Nach der Quantentheorie lässt sich der Aufenthaltsort eines Objekts nicht mit unendlicher Genauigkeit bestimmen, ebenso wenig, wie man den Verlauf künftiger Ereignisse exakt vorhersagen kann.

gen, dass der Pfeil bei einer großen Zahl von Wiederholungen in 90 von 100 Fällen ins Schwarze treffen wird.

Die Quantenmechanik führt also zwangsläufig ein Element der Unvorhersagbarkeit oder Zufälligkeit in die Wissenschaft ein. Einstein wehrte sich heftig gegen diese Vorstellung, obwohl er wesentlich an ihrer Entwicklung beteiligt war – der Nobelpreis ist ihm für seinen Beitrag zur Quantentheorie verliehen worden. Trotzdem wollte er nie wahrhaben, dass das Universum vom Zufall regiert wird. «Gott würfelt nicht», mit diesem berühmt gewordenen Satz fasste er seine Empfindungen zusammen.

Der Prüfstein für eine wissenschaftliche Theorie ist, wie gesagt, ihre Fähigkeit, die Ergebnisse eines Experiments vorherzusagen. Die Quantentheorie schränkt unsere Fähigkeiten ein. Schränkt die Quantentheorie auch die Fähigkeiten der Wissenschaft ein? Wenn die Wissenschaft vorankommen soll, müssen wir uns in der Art und Weise, wie wir Wissenschaft betreiben, nach der Natur richten. In diesem Fall verlangt die Natur, dass wir neu definieren, was wir unter einer Voraussage verstehen: Vielleicht sind wir nicht in der Lage, das Ergebnis eines Experiments genau vorherzusagen, doch wir können das Experiment viele Male wiederholen und so bestätigen, dass die verschiedenen möglichen Ergebnisse mit der Wahrscheinlichkeit eintreten, die von der Quantentheorie vorhergesagt wird. Trotz der Unschärferelation besteht also keine Notwendigkeit, den Glauben an eine Welt aufzugeben, die von physikalischen Gesetzen bestimmt wird. Tatsächlich waren am Ende die meisten Wissenschaftler bereit, die Quantenmechanik zu akzeptieren, weil sie vollkommen mit den experimentellen Daten übereinstimmte.

Eine der wichtigsten Konsequenzen der Heisenberg'schen Unschärferelation besagt, dass Teilchen sich in gewisser Hinsicht wie Wellen verhalten. Wie gesehen, haben sie keine festlegbare Position, sondern sind mit einer bestimmten Wahrscheinlichkeitsverteilung «verschmiert». Genauso erfahren wir aus Plancks Quantenhypothese, dass sich das Licht, obwohl es aus Wellen besteht, in gewisser Hinsicht so verhält, als setze es sich aus Teilchen zusammen: Licht kann nur in Paketen, in Quanten, ausgestrahlt und absorbiert werden. Tatsächlich beruht die Theorie der Quantenmechanik auf einer völlig neuen Mathematik, die die reale Welt nicht mehr streng in «Welle» und «Teilchen» einteilt. Für manche Zwecke ist es nützlich, sich Teilchen als Wellen vorzustellen, und für andere Zwecke günstiger, Wellen als Teilchen anzusehen, doch beide Denkweisen sind nur bequeme Vereinfachungen. Das meinen Physiker, wenn sie vom Welle-Teilchen-Dualismus der Quantenmechanik sprechen.

Das quantenmechanische Welle-Teilchen-Verhalten hat eine wichtige Konsequenz: Wir können zwischen zwei Teilchenmengen ein Phänomen beobachten, das als Interferenz bezeichnet wird. Normalerweise denkt man bei Interferenz an Wellen. Das heißt, wenn Wellen zusammenstoßen, können die Berge der einen Wellengruppe mit den Tälern der anderen Gruppe zusammenfallen (dann sagt man, die Wellen seien «phasenverschoben»). In diesem Fall heben sich die beiden Wellengruppen auf,

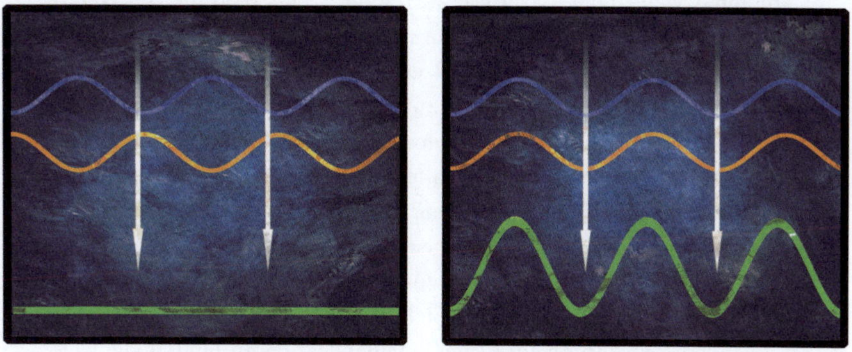

Phasengleich und phasenverschoben
Wenn die Berge und Täler zweier Wellen zusammenfallen, bilden sie eine stärkere Welle, doch wenn die Berge der einen Welle auf die Täler einer anderen treffen, heben sich die beiden Wellen auf.

statt sich zu einer stärkeren Welle zu addieren, wie man erwarten könnte. Ein vertrautes Beispiel für Interferenz im Falle von Licht sind die Farben, die man häufig auf Seifenblasen sehen kann. Sie werden durch die Lichtreflexion auf beiden Seiten der dünnen Wasserhaut verursacht, die die Blase bildet. Weißes Licht besteht aus Lichtwellen von verschiedenster Länge oder Farbe. Bei bestimmten Wellenlängen fallen die Berge der Wellen, die auf der einen Seite des Seifenfilms reflektiert werden, mit den auf der anderen Seite reflektierten Wellentälern zusammen. Die diesen Farben entsprechenden Wellenlängen fehlen im reflektierten Licht, das aus diesem Grunde farbig erscheint.

Doch infolge der von der Quantenmechanik eingeführten Dualität kann Interferenz auch bei Teilchen auftreten. Ein berühmtes Beispiel ist das so genannte Doppelspaltexperiment. Stellen wir uns eine Trennwand mit zwei schmalen, parallelen Spalten vor. Bevor wir betrachten, was geschieht, wenn wir Teilchen durch diese Spalten schicken, wollen wir schauen, was passiert, wenn wir sie mit Licht bestrahlen. Auf der einen Seite steht eine Lichtquelle von bestimmter Farbe (das heißt von einer bestimmten Wellenlänge). Der größte Teil des Lichts trifft auf die Trennwand, doch eine geringe Menge dringt durch die Spalte. Nehmen wir nun an, auf der anderen Seite der Trennwand steht ein Sichtschirm. Stellen Sie sich einen beliebigen Punkt auf dem Sichtschirm vor. Er empfängt Wellen aus beiden Spalten. Doch muss das Licht im Allgemeinen auf dem Weg von der Quelle durch die Spalte zum Sichtschirm unterschiedliche Entfernungen zurücklegen. Das heißt, die Wellen kommen nicht phasengleich an dem Punkt an. An einigen Stellen fallen die Berge der einen Welle mit den Tälern der anderen zusammen, mit dem Erfolg, dass sich die Wellen aufheben, an anderen Stellen treffen die Berge beider Wellen und andererseits ihrer beider Täler aufeinander, woraufhin sich die Wellen verstärken, und an den meisten Stellen liegt die Situation irgendwo dazwischen. Das Ergebnis ist ein charakteristisches Hell-dunkel-Muster.

Bemerkenswert ist, dass man haargenau das gleiche Muster erhält,

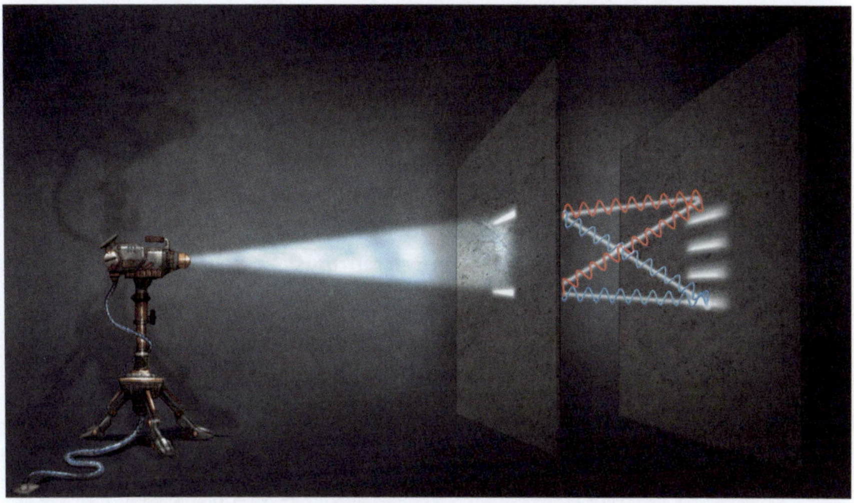

Weglänge und Interferenz
Im Doppelspaltexperiment verändert sich die Entfernung, die die Wellen vom oberen und unteren Spalt bis zum Sichtschirm zurücklegen müssen, mit der Höhe auf dem Schirm. Daher verstärken sich die Wellen in bestimmten Höhen, während sie sich in anderen aufheben. So bildet sich ein Interferenzmuster.

wenn man die Lichtquelle durch eine Teilchenquelle ersetzt, die etwa Elektronen mit einer bestimmten Geschwindigkeit aussendet. (Wenn nämlich die Elektronen eine eindeutig definierte Geschwindigkeit besitzen, dann haben die entsprechenden Materiewellen laut Quantentheorie eine eindeutig definierte Wellenlänge.) Nehmen wir an, es stünde nur ein Spalt zur Verfügung und man würde Elektronen auf die Trennwand abfeuern. Die meisten Elektronen hielte die Trennwand auf, doch einige würden den Spalt passieren und zum Sichtschirm dahinter gelangen. Man könnte deshalb annehmen, dass sich die Zahl der auf jeden Punkt des Sichtschirms treffenden Elektronen einfach erhöht, wenn man einen weiteren Spalt öffnet. Aber mitnichten: In diesem Fall erhöht sich an manchen Stellen die Zahl der Elektronen, die auf den Sichtschirm treffen, und geht an anderen Stellen zurück, genau so, als würden die Elektronen wie Wellen interferieren, statt sich als Teilchen zu verhalten.

Stellen Sie sich nun vor, Sie schicken die Elektronen einzeln durch die Spalten. Kommt es noch zur Interferenz? Man sollte erwarten, dass sich jedes Elektron entweder durch den einen oder den anderen Spalt bewegt und dass das Interferenzmuster so zum Verschwinden gebracht werden kann. Tatsächlich aber tritt das Interferenzmuster auch auf, wenn die Elektronen einzeln ausgesendet werden. Jedes Elektron muss also seinen Weg durch *beide* Spalte nehmen und mit sich selbst interferieren!

Dieses Phänomen, die Interferenz zwischen Teilchen, war entscheidend für unser Verständnis des Aufbaus von Atomen, der Grundeinheiten von Chemie und Biologie und der Bausteine, aus denen wir und alles um uns her bestehen. Zu Beginn des 20. Jahrhunderts stellte man sich das Atom weitgehend wie das Sonnensystem vor: Elektronen (Teilchen mit negativer elektrischer Ladung) kreisen um einen positiv geladenen zentralen Kern. Die Anziehung zwischen positiver und negativer Ladung halte, so glaubte man, die Elektronen in genau der gleichen Weise auf ihren Umlaufbahnen, wie die Massenanziehung zwischen der Sonne und den Planeten diese an ihre Bahnen binde. Doch stand man damit vor einem schwierigen Problem: Aus den klassischen Gesetzen der Mechanik und Elektrizität vor der Quantenmechanik folgte, dass derart um den Kern kreisende Elektronen Strahlung abgeben müssten. Das hätte zur Folge, dass sie Energie verlieren und sich deshalb spiralförmig nach innen bewegen würden, bis sie mit dem Kern kollidierten. Unter diesen Umständen würde das Atom und mit ihm alle Materie rasch in einen Zustand von sehr hoher Dichte zusammenstürzen, was offenkundig nicht der Fall ist!

Eine Teillösung für dieses Problem fand 1913 der dänische Physiker Niels Bohr. Nach seiner Hypothese können die Elektronen nicht in beliebigen, sondern nur in bestimmten festgelegten Entfernungen um den

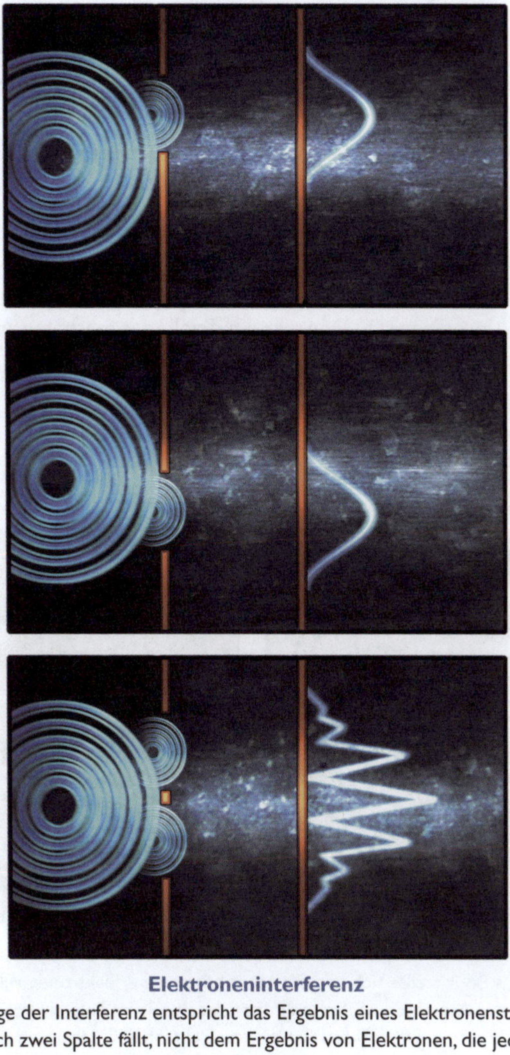

Elektroneninterferenz

Infolge der Interferenz entspricht das Ergebnis eines Elektronenstrahls, der durch zwei Spalte fällt, nicht dem Ergebnis von Elektronen, die jeden Spalt separat passieren.

Kern kreisen. Nimmt man weiterhin an, dass sich nur ein oder zwei Elektronen in einem dieser Abstände um den Kern bewegen können, wäre das Problem des Kollapses gelöst, weil die Elektronen ihre Spirale nur so lange fortsetzen könnten, bis sich die begrenzte Zahl von inneren Umlaufbahnen gefüllt hätte. Dieses Modell lieferte eine sehr gute Erklärung für den Aufbau des einfachsten Atoms, des Wasserstoffatoms, bei dem nur ein Elektron den Kern umkreist. Doch es war nicht klar, wie man es auf kompliziertere Atome anwenden sollte. Darüber hinaus erschien der Gedanke, dass es nur eine begrenzte Zahl von zulässigen Umlaufbahnen gebe, höchst provisorisch. Das war ein Trick, der mathematisch funktionierte, von dem aber niemand wusste, warum sich die Natur so verhalten sollte, oder für welche tieferen Gesetze er stand – wenn es sie denn gab. Die neue Theorie der Quantenmechanik löste dieses Problem. Sie

Wellen in Atomhüllen

Niels Bohr stellte sich vor, das Atom bestehe aus Elektronenwellen, welche den Atomkern endlos umkreisen. Nach seinem Entwurf können nur Bahnen mit Umfängen, die ganzen Zahlen von Elektronenwellenlängen entsprechen, Bestand haben, ohne der Interferenz zum Opfer zu fallen.

erlaubt es, sich ein Elektron, das den Kern umkreist, als Welle vorzustellen, deren Wellenlänge von ihrer Geschwindigkeit abhängt. Stellen Sie sich vor, dass die Welle den Kern in spezifischen Abständen umkreist, wie Bohr es postuliert hatte. Bei bestimmten Bahnen entspricht die Länge einer ganzen Zahl (im Gegensatz zu einem Bruch) von Wellenlängen des Elektrons. Bei diesen Bahnen befindet sich der Wellenberg bei jeder Umrundung in der gleichen Position, sodass sich die Wellen addieren: Diese Umlaufbahnen entsprechen den erlaubten Bahnen von Bohr. Doch bei Bahnen, die nicht in ganzzahligem Verhältnis zur Wellenlänge stehen, wird jeder Wellenberg bei den Umlaufbewegungen der Elektronen schließlich durch ein Wellental aufgehoben: Diese Bahnen sind nicht erlaubt. Damit hatte Bohrs Gesetz der erlaubten und verbotenen Bahnen eine Erklärung.

Eine elegante Methode, um eine bildliche Vorstellung vom Welle-Teilchen-Dualismus zu vermitteln, ist eine Aufsummierung aller Möglichkeiten gemäß der Pfadintegralmethode von Richard Feynman. Er geht von der Annahme aus, dass das Teilchen nicht eine einzige Geschichte oder einen einzigen Weg in der Raumzeit hinter sich hat, wie es die klassische Theorie vor der Quantenmechanik postulierte, sondern dass es sich auf jedem möglichen Weg von A nach B bewegt. Mit jedem Weg zwischen A und B hat Feynman zwei Zahlen verknüpft: Die eine bezeichnet die Amplitude, die andere steht für die Phase (das heißt, sie gibt darüber Auskunft, ob es sich um Wellenberg oder -tal handelt oder um irgendetwas dazwischen). Die Wahrscheinlichkeit einer Bewegung von A nach B ergibt sich durch Addition der Wellen für alle Wege, die A und B verbinden. Im Allgemeinen werden sich beim Vergleich einer Reihe von benachbarten Wegen die Phasen erheblich unterscheiden. Das heißt, dass die mit diesen Wegen verknüpften Wellen einander fast aufheben. Bei manchen Anordnungen benachbarter Wege indessen unterscheidet sich die Phase von Weg zu Weg nicht sonderlich. Die Wellen dieser Wege heben sich nicht auf. Sie entsprechen Bohrs erlaubten Bahnen.

Als diese Ideen in konkreter mathematischer Form vorlagen, war es relativ leicht, die erlaubten Bahnen in komplizierteren Atomen zu berechnen, ja sogar in Molekülen, die aus mehreren Atomen bestehen und durch Elektronen zusammengehalten werden, deren Bahnen um mehr als einen Kern laufen. Da die Struktur der Moleküle und ihre wechselseitigen Reaktionen allen chemischen und biologischen Prozessen zugrunde liegt, ermöglicht uns die Quantenmechanik im Prinzip, innerhalb der von der Unschärferelation gesetzten Grenzen nahezu alles vorherzusagen, was wir um uns herum wahrnehmen. (In der Praxis können wir jedoch die Gleichungen für kein Atom lösen, abgesehen vom einfachsten, dem Wasserstoffatom mit nur einem einzigen Elektron, daher ver-

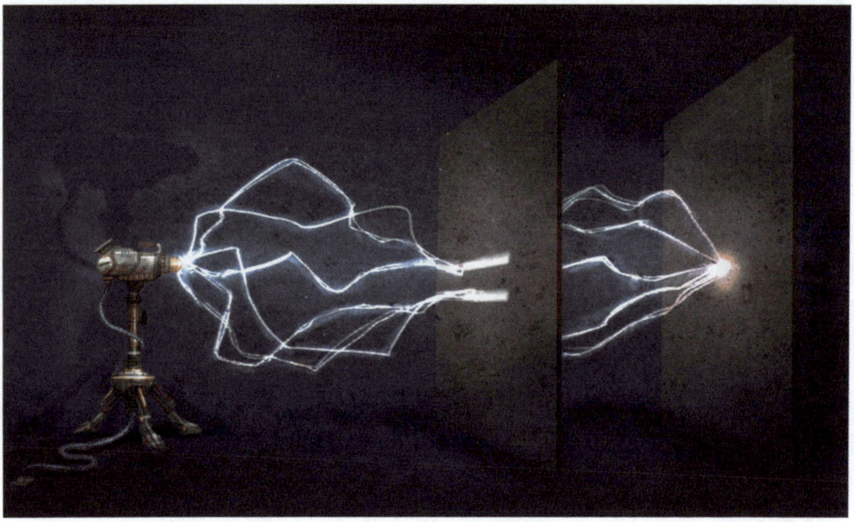

Viele Elektronenwege
Nach Richard Feynmans Formulierung der Quantentheorie folgt ein Teilchen wie das abgebildete auf seinem Weg von der Quelle zum Sichtschirm jedem möglichen Weg.

wenden wir Näherungen und Computer, um kompliziertere Atome und Moleküle zu analysieren.)

Die Quantentheorie hat sich so außerordentlich gut bewährt, dass sie fast der gesamten heutigen Wissenschaft und Technologie zugrunde liegt. Sie bestimmt das Verhalten von Transistoren und integrierten Schaltkreisen, die wichtige Bausteine elektronischer Geräte wie Fernseher und Computer sind, und sie bildet auch die Grundlage der modernen Chemie und Biologie. Die einzigen Gebiete der Physik, in die die Quantenmechanik noch nicht in geeigneter Weise eingegliedert werden konnte, sind die Gravitation und der großräumige Aufbau des Universums: Einsteins allgemeine Relativitätstheorie bezieht die Unschärferelation der Quantentheorie nicht ein, was sie jedoch tun müsste, um nicht in Widerspruch zu anderen Theorien zu geraten.

Wie im letzten Kapitel erwähnt, wissen wir, dass die allgemeine Relativitätstheorie modifiziert werden muss. Indem die klassische (das heißt nichtquantenmechanische) allgemeine Relativitätstheorie Punkte von unendlicher Dichte – Singularitäten – voraussagt, prognostiziert sie ihr eigenes Versagen – genauso wie die klassische Mechanik ihr eigenes Versagen vorwegnahm, indem sie erklärte, dass Schwarzkörper Strahlung von unendlicher Energie abgeben oder die Atome zu unendlicher Dichte zusammenstürzen würden. Wie in der klassischen Mechanik hoffen wir, diese störenden Singularitäten zu beseitigen, indem wir die klassische allgemeine Relativitätstheorie in eine Quantentheorie verwandeln, das heißt, indem wir eine Quantentheorie der Gravitation schaffen.

Warum haben bisher alle Experimente die allgemeine Relativitätstheorie bestätigt, wenn sie doch letztendlich falsch ist? Ganz einfach: Wir haben bislang keine Abweichung von den Beobachtungsdaten festgestellt, weil die Gravitationsfelder, deren Einfluss wir normalerweise unterliegen, vergleichsweise schwach sind. Wie gezeigt müsste das Gravitationsfeld sehr stark gewesen sein, als alle Materie und Energie des

Universums in seiner Frühphase in ein kleines Volumen gepresst war. In Gegenwart so starker Felder müssten die Effekte der Quantentheorie erheblich sein.

Zwar verfügen wir noch nicht über eine Quantentheorie der Gravitation, doch wir kennen eine Anzahl von Eigenschaften, die sie nach unserer Ansicht besitzen müsste. Zum einen sollte sie Feynmans Formulierung der Quantentheorie als Aufsummierung von Möglichkeiten einbeziehen. Zum anderen müsste in jeder endgültigen Theorie Einsteins Idee enthalten sein, dass das Gravitationsfeld durch eine gekrümmte Raumzeit dargestellt wird: Teilchen versuchen, der besten Annäherung an einen geraden Weg zu folgen, die in einer gekrümmten Raumzeit möglich ist, doch da die Raumzeit nicht flach ist, scheinen ihre Wege verformt zu sein, als unterlägen sie dem Einfluss einer Gravitationskraft. Wenn wir Feynmans Aufsummierung von Möglichkeiten auf Einsteins Gravitationsbegriff anwenden, entspricht der Geschichte eines Teilchens jetzt eine vollständige gekrümmte Raumzeit, welche die Geschichte des gesamten Universums repräsentiert.

In der klassischen Gravitationstheorie gibt es für das Universum nur zwei Möglichkeiten: Entweder existiert es schon ewig, oder es begann mit einer Singularität zu einem bestimmten Zeitpunkt in der Vergangenheit. Aus Gründen, die wir oben dargelegt haben, glauben wir, dass es das Universum nicht seit ewigen Zeiten gibt. Doch wenn es gemäß der klassischen allgemeinen Relativitätstheorie einen Anfang hatte, müssen wir, um zu wissen, welche Lösung der Einstein-Gleichungen unser Universum beschreibt, seinen Anfangszustand kennen – das heißt, wir müssen genau wissen, wie das Universum begann. Die Naturgesetze mögen ursprünglich von Gott gefügt worden sein, doch anscheinend hat er seither die Entwicklung des Universums diesen Gesetzen überlassen und sich selbst aller Eingriffe enthalten. Wie hat er den Anfangszustand oder die Konfiguration des Universums gewählt? Was waren die Randbedingungen am Anfang der Zeit? In der klassischen allgemeinen Relativitätstheorie ist das ein Problem, weil sie am Anfang des Universums ihre Gültigkeit einbüßt.

Wenn diese Überlegungen zutreffen, eröffnet sich in der Quantentheorie der Gravitation eine neue Möglichkeit, die das Problem lösen könnte. In der Quantentheorie kann die Raumzeit von endlicher Ausdehnung sein und muss trotzdem keine Singularitäten besitzen, die eine Grenze oder einen Rand bilden. Die Raumzeit wäre wie die Erdoberfläche, nur dass sie zwei Dimensionen mehr hätte. Wenn Sie unablässig in einer bestimmten Richtung auf der Erdoberfläche reisen, stoßen Sie, wie gesagt, nie an ein unüberwindliches Hindernis oder fallen über den Rand. Vielmehr kehren Sie irgendwann an Ihren Ausgangspunkt zurück, ohne dabei auf eine Singularität getroffen zu sein. Wenn diese Beschreibung richtig ist, eröffnet die Quantentheorie der Gravitation die neue Möglichkeit, dass es keine Singularitäten gibt, an denen die physikalischen Gesetze zusammenbrechen.

Falls die Raumzeit keinen Rand hat, ist es nicht notwendig, das Verhalten am Rand anzugeben – den Anfangszustand des Universums zu kennen. Es gäbe keinen Raumzeitrand, an dem man sich auf Gott oder irgendein neues Gesetz berufen müsste, um die Grenzbedingungen der Raumzeit festzulegen. Man könnte einfach sagen: «Die Randbedingung des Universums ist, dass es keinen Rand hat.» Das Universum wäre völlig in sich abgeschlossen und keinerlei äußeren Einflüssen unterworfen. Es wäre weder erschaffen noch zerstörbar. Es würde einfach SEIN. Solange wir glaubten, das Universum habe einen Anfang, schien die Rolle des Schöpfers klar zu sein. Doch wenn das Universum völlig in sich abgeschlossen ist, ohne Grenze oder Rand, ohne Anfang und Ende, ist die Antwort nicht mehr so offenkundig: Welche Aufgabe bleibt dann einem Schöpfer?

KAPITEL ZEHN

WURMLÖCHER UND ZEITREISEN

IN DEN VORANGEGANGENEN KAPITELN haben wir gesehen, wie sich unsere Auffassung vom Wesen der Zeit im Laufe der Jahre gewandelt hat. Bis zum Anfang des 20. Jahrhunderts glaubten die Menschen an die absolute Zeit. Das heißt, jedes Ereignis ließ sich eindeutig durch eine Zahl namens «Zeit» bezeichnen, und alle guten Uhren stimmten in Hinblick auf das Zeitintervall zwischen zwei Ereignissen überein. Doch die Entdeckung, dass die Lichtgeschwindigkeit für jeden Beobachter, egal, wie er sich bewegte, gleich erschien, führte zur Relativitätstheorie und zum Abschied von der Idee, dass es eine einzige, absolute Zeit gebe. Die Zeit von Ereignissen ließ sich nicht auf unverwechselbare Weise bestimmen. Vielmehr besaß von nun an jeder Beobachter sein eigenes Zeitmaß, wie es von der Uhr, die er trug, aufgezeichnet wurde, und die Uhren verschiedener Beobachter mussten nicht unbedingt übereinstimmen. So wurde die Zeit zu einem persönlicheren Konzept, relativ zu dem Beobachter, der sie maß. Trotzdem taten wir so, als sei die Zeit ein schnurgerades Bahngleis, auf dem man nur in die eine oder die andere Richtung fahren kann.

Was aber wäre, wenn das Bahngleis Schleifen und Abzweigungen aufwiese, sodass der Zug zwar stets vorwärts führe, aber trotzdem an einen Bahnhof gelangte, an dem er schon früher einmal gehalten hätte? Mit anderen Worten: Könnte jemand in der Lage sein, in die Zukunft oder die Vergangenheit zu reisen?

Zeitmaschine

Die Autoren in einer Zeitmaschine

H. G. Wells hat diese Möglichkeiten wie ungezählte andere Science-Fiction-Autoren in seiner Erzählung «Die Zeitmaschine» ausgelotet. Nun sind aber viele Phantasiegebilde der Science-Fiction-Literatur, U-Boote und Mondreisen zum Beispiel, längst zu wissenschaftlich-technischer Wirklichkeit geworden. Wie steht es also mit den Aussichten für Zeitreisen?

Es ist möglich, in die Zukunft zu reisen. Die Relativitätstheorie zeigt, dass es möglich ist, eine Zeitmaschine zu konstruieren, die in der Zeit vorwärts springt. Sie steigen in die Zeitmaschine ein, warten ein Weilchen, steigen aus und stellen fest, dass auf der Erde viel mehr Zeit verstrichen ist als für Sie. Zwar verfügen wir heute noch nicht über die Möglichkeiten dazu, aber das ist nur eine Frage der Technik: Wir wissen, dass es möglich ist. Eine Methode zur Konstruktion einer solchen Maschine könnte sich an dem Zwillingsparadoxon orientieren, das wir in Kapitel sechs erörtert haben. Nach diesem Verfahren höbe Ihre Maschine ab, während Sie darin säßen, beschleunigte fast auf Lichtgeschwindigkeit, setzte die Fahrt eine Weile fort (je nachdem, wie weit Sie in die Zukunft reisen wollten) und würde dann zurückkehren. Es sollte Sie eigentlich nicht überraschen, dass die Zeitmaschine auch ein Raumschiff ist, denn nach der Relativitätstheorie hängen Zeit und Raum miteinander zusammen. Doch soweit es Sie angeht, ist der einzige «Ort», an dem Sie sich während des gesamten Prozesses befinden, das Innere der Maschine. Wenn Sie aussteigen, stellen Sie, wie gesagt, fest, dass auf der Erde mehr Zeit vergangen ist als für Sie. Sie sind in die Zukunft gereist. Können Sie auch zurück? Können wir die Bedingungen schaffen, die erforderlich sind, um in der Zeit zurückzureisen?

Der erste Hinweis, dass die physikalischen Gesetze solche Zeitreisen tatsächlich zulassen könnten, ergab sich 1949, als Kurt Gödel eine neue Lösung für Einsteins Gleichungen entdeckte, mit anderen Worten: auf eine neue im Rahmen der allgemeinen Relativitätstheorie erlaubte Raumzeit stieß. Viele verschiedene mathematische Modelle des Universums erfüllen Einsteins Gleichungen, aber das heißt nicht automatisch, dass sie das Universum beschreiben, in dem wir leben. Sie unterscheiden sich beispielsweise in ihren Anfangs- oder Randbedingungen. Wir müssen ihre physikalischen Vorhersagen prüfen, um zu entscheiden, ob sie unserem Universum entsprechen könnten oder nicht.

Seinen Ruf als Mathematiker verdankte Gödel vor allem dem Beweis, dass es unmöglich ist, alle wahren Aussagen zu beweisen, selbst wenn man diesen Versuch auf das scheinbar so überschaubare und trockene Gebiet der Arithmetik beschränkt. Wie die Unschärferelation könnte Gödels Unvollständigkeitssatz eine grundsätzliche Begrenzung unserer Fähigkeit darstellen, das Universum zu verstehen und vorherzusagen. Gödel lernte die allgemeine Relativitätstheorie kennen, als er in späteren Jahren mit Einstein zusammen am Institute for Advanced Study in Princeton arbeitete. Seine Raumzeit hat die seltsame Eigenschaft, dass das ganze Universum rotiert.

Was bedeutet die Aussage, das ganze Universum rotiere? Rotieren, das heißt, sich um sich selbst zu drehen. Doch setzt das nicht einen ruhenden Bezugspunkt voraus? Dabei stellt sich die Frage: «Rotieren in Bezug auf was?» Die Antwort ist ein bisschen kompliziert, lautet aber im Wesentlichen: Ferne Materie würde in diesem Fall relativ zu Richtungen rotieren, die innerhalb des Universums von kleinen Kreiseln oder Gyroskopen angezeigt würden. In Gödels Raumzeit wäre ein mathematischer Nebeneffekt der Rotation, dass jemand mit einem Raumschiff ins All aufbrechen und zur Erde zurückkehren könnte, bevor er sie verlassen hätte.

Diese Eigenschaft ging Einstein gewaltig gegen den Strich, denn er hatte gedacht, die allgemeine Relativitätstheorie lasse keine Zeitreisen zu. Doch obwohl Gödels Lösung Einsteins Gleichungen erfüllt, entspricht sie nicht der Welt, in der wir leben, denn die Beobachtungen zeigen, dass unser Universum nicht rotiert, jedenfalls nicht nennenswert. Außerdem dehnt sich Gödels Universum nicht mit der Zeit aus, ganz im

Gegensatz zu unserem eigenen. Zwar hat man inzwischen im Rahmen der allgemeinen Relativitätstheorie plausiblere Raumzeiten entdeckt, die Zeitreisen in die Vergangenheit zulassen. Doch die Daten über den Mikrowellenhintergrund und die relative Häufigkeit leichter Elemente deuten darauf hin, dass das frühe Universum nicht hinreichend gekrümmt war, um Zeitreisen zuzulassen. Die gleiche Schlussfolgerung ergibt sich aus theoretischen Gründen, falls die Kein-Rand-Bedingung richtig ist. Also lautet die Frage: Wenn auch der Anfangszustand des Universums nicht die Krümmung aufweist, wie sie für Zeitreisen erforderlich ist, können wir dann nicht vielleicht im Nachhinein lokale Regionen der Raumzeit so stark verzerren, dass sie doch noch möglich werden?

Da, wie gesagt, Zeit und Raum miteinander zusammenhängen, wird es Sie nicht überraschen, dass die Frage, ob Zeitreisen in die Vergangenheit möglich sind, eng mit der Frage zusammenhängt, ob wir schneller als das Licht reisen können oder nicht. Dass Zeitreisen Überlichtgeschwindigkeiten ermöglichen, liegt auf der Hand: Wenn Sie aus der letzten Phase Ihres Ausflugs eine Reise in die Vergangenheit machen, können Sie Ihre Expedition insgesamt in beliebig kurzer Zeit absolvieren, daher wären Sie in der Lage, mit unbegrenzter Geschwindigkeit zu reisen! Doch wie wir sehen werden, lässt sich der Schluss auch umkehren: Wenn Sie sich mit unbegrenzter Geschwindigkeit bewegen, können Sie auch in der Zeit zurückreisen. Das eine ist ohne das andere nicht möglich.

Die Frage von Reisen mit Überlichtgeschwindigkeit ist von großem Interesse für Science-Fiction-Autoren. Die haben nämlich folgendes Problem: Wenn wir ein Raumschiff zu Proxima Centauri schicken würden, unserem nächsten Nachbarstern, der ungefähr vier Lichtjahre von uns entfernt ist, dann würden wir nach der Relativitätstheorie die tapferen Besatzungsmitglieder frühestens in acht Jahren zurückerwarten können, um von ihnen zu hören, was sie entdeckt haben. Führte die Expedition ins Zentrum unserer Galaxis, so würden bis zu ihrer Rückkehr mindestens hunderttausend Jahre verstreichen. Nicht gerade eine günstige Ausgangssituation, wenn Sie über galaktische Kriegsführung schreiben wollen! Einen Trost gewährt die Relativitätstheorie allerdings: das im sechsten Kapitel geschilderte Zwillingsparadoxon. Es ist möglich, dass die Reise den Raumfahrern wesentlich kürzer erscheint als den Menschen, die auf der Erde geblieben sind. Allerdings wäre es kaum sehr angenehm, einige Jahre älter von einer Reise durchs All zurückzukehren und feststellen zu müssen, dass alle Menschen, die man auf der Erde zurückgelassen hat, seit Jahrtausenden tot und vergessen sind. So mussten die Science-Fiction-Autoren, um ihren Geschichten einen menschlichen Anstrich zu geben, voraussetzen, wir würden eines Tages einen Weg finden, uns schneller als das Licht fortzubewegen. Allerdings scheint den meisten dieser Autoren nicht klar zu sein, dass nach der Relativitätstheorie jemand, der schneller als das Licht ist, auch in der Zeit zurückreisen kann, wie dem folgenden Limerick zu entnehmen ist:

Es war mal ein Mädchen namens Wicht,
Das reiste viel schneller als das Licht.
Ging auf die Reise
In relativer Weise
Und war die Nacht davor schon in Sicht.

Entscheidend ist in diesem Zusammenhang, dass es nach der Relativitätstheorie nicht nur kein einheitliches Zeitmaß gibt, das die Zustimmung aller Beobachter fände, sondern, dass sich unter bestimmten Umständen noch nicht einmal alle Beobachter über die Reihenfolge der Ereignisse einig sein müssen. Wenn zwei Ereignisse A und B so weit im Raum voneinander getrennt sind, dass eine Rakete mit Überlichtgeschwindigkeit fliegen müsste, um von Ereignis A zu Ereignis B zu gelangen, dann können zwei Beobachter, die sich mit verschiedenen Geschwindigkeiten bewegen, durchaus uneins sein, ob Ereignis A vor

Ereignis B stattgefunden hat oder ob es sich umgekehrt verhält. Nehmen wir an, Ereignis A ist das Hundertmeterfinale bei den Olympischen Spielen 2012 und Ereignis B die Eröffnung der 100 004. Sitzung des Kongresses von Proxima Centauri. Stellen wir uns vor, für einen Beobachter auf der Erde hat Ereignis A zuerst und Ereignis B anschließend stattgefunden. Sagen wir, B ereignete sich später, im Jahr 2013 laut Erdzeit. Da Erde und Proxima Centauri rund vier Lichtjahre voneinander entfernt sind, erfüllen diese beiden Ereignisse das obige Kriterium. Obwohl A vor B stattfindet, müsste man schneller als das Licht reisen, um von A nach B zu gelangen. Dann wäre für einen Beobachter in der Nähe von Proxima Centauri, der sich fast mit Lichtgeschwindigkeit von der Erde fortbewegte, die Ereignisfolge umgekehrt: Er hätte den Eindruck, Ereignis B fände vor Ereignis A statt. Dieser Beobachter würde sagen, es sei möglich, von Ereignis B zu Ereignis A zu gelangen, wenn man schneller als das Licht reisen könnte. Wäre man richtig schnell, könnte man sogar von A nach Proxima Centauri vor dem Rennen zurückkehren und eine Wette abschließen, da man ja wüsste, wer gewinnt!

Allerdings dürfte es nicht ganz leicht sein, die Schranke der Lichtgeschwindigkeit zu überwinden. Nach der Relativitätstheorie wird die Antriebsenergie, die erforderlich ist, um ein Raumschiff zu beschleunigen, umso größer, je näher es der Lichtgeschwindigkeit kommt. Dafür gibt es auch experimentelle Beweise, die zwar nicht Raumschiffe betreffen, wohl aber Elementarteilchen in Teilchenbeschleunigern, wie sie Fermilab oder das *Europäische Laboratorium für Teilchenphysik* (CERN) betreiben. Diese Teilchen können wir auf 99,99 Prozent der Lichtgeschwindigkeit beschleunigen, aber wie viel Energie auch immer wir aufwenden, wir schaffen es nicht, sie über die Schranke der Lichtgeschwindigkeit zu treiben. Gleiches gilt für Raumschiffe: Egal, wie viel Antriebsenergie sie besitzen, über die Lichtgeschwindigkeit hinaus können sie nicht beschleunigen. Da Zeitreisen in die Vergangenheit nur mit Hilfe von Überlichtgeschwindigkeit möglich sind, scheinen beide Möglichkeiten aus-

Wurmloch
Wenn es Wurmlöcher gibt, könnten sie Abkürzungen zwischen fernen Punkten im Raum ermöglichen.

geschlossen zu sein – schnelle Raumfahrten und Zeitreisen in die Vergangenheit.

Doch es gibt einen Ausweg. Möglicherweise kann man nämlich die Raumzeit so stark krümmen, dass eine Abkürzung zwischen A und B entsteht. Unter anderem ließe sich dies durch die Schaffung eines Wurmloches zwischen A und B bewerkstelligen. Wie der Name erkennen lässt, ist ein Wurmloch eine dünne Röhre, ein schmaler Gang in der Raumzeit, der zwei weit auseinander liegende, nahezu flache Regionen verbinden kann. Stellen Sie sich vor, Sie stehen am Fuß einer hohen Bergkette. Um auf die andere Seite zu gelangen, müssen Sie normalerweise eine lange Strecke hinauf und auf der anderen Seite wieder hinunterklettern – es sei denn, dort befände sich ein riesiges Wurmloch, das den Fels waagerecht durchschnitte. Es lässt sich also ein künstliches oder natürliches Wurmloch denken, das aus der Nachbarschaft des Sonnensystems zu Alpha Centauri führt. Dabei könnte die Entfernung durchs Wurmloch nur einige Millionen Kilometer betragen, obwohl Erde und Alpha Centauri im gewöhnlichen Raum vierzig Billionen Kilometer auseinander liegen. Würden wir das Ergebnis des Hundertmeterlaufs durch das Wurmloch übermitteln, bliebe ihm genügend Zeit, um vor der Eröffnung des Kongresses einzutreffen. Doch dann sollte ein Beobachter auf dem Weg zur Erde auch in der Lage sein, ein anderes Wurmloch zu finden, mit dessen Hilfe er von der Eröffnung des Kongresses auf Alpha Centauri noch vor dem Start des Laufs auf die Erde gelangen könnte. Somit würden Wurmlöcher, wie alle anderen vorstellbaren Bewegungen mit Überlichtgeschwindigkeit, Reisen in die Vergangenheit gestatten.

Das Konzept von Wurmlöchern, die verschiedene Regionen der Raumzeit miteinander verbinden, ist keine Erfindung von Science-Fiction-Autoren, sondern kann sich einer viel vornehmeren Herkunft rühmen. 1935 haben Einstein und Nathan Rosen in einem Artikel nachgewiesen, dass nach der allgemeinen Relativitätstheorie Gebilde möglich sind, die sie Brücken nannten, nach heutiger Ausdrucksweise Wurmlöcher. Die Einstein-Rosen-Brücken würden nicht so lange existieren, dass ein Raumschiff sie passieren könnte – jedes Gefährt müsste an den Singularitäten scheitern, zu denen sich die Brücken verjüngen würden. Man hat allerdings die Vermutung geäußert, eine hoch entwickelte Zivilisation könnte in der Lage sein, Wurmlöcher offen zu halten. Dazu – wie zu jeder anderen Raumzeitverwerfung, die Zeitreisen ermöglicht – braucht man, wie sich zeigen lässt, eine Raumzeitregion mit negativer Krümmung, ähnlich der Oberfläche eines Sattels. Gewöhnliche Materie besitzt eine positive Energiedichte und verleiht der Raumzeit deshalb eine positive Krümmung, wie sie die Oberfläche einer Kugel aufweist. Um Raumzeit also derart zu krümmen, dass sie Reisen in die Vergangenheit zulässt, braucht man Materie mit negativer Energiedichte. Was heißt es, wenn wir von Materie sagen, sie besitze negative Energiedichte? Energie hat eine gewisse Ähnlichkeit mit Geld: Bei einer positiven Bilanz dürfen Sie sie nach Belieben verbrauchen, doch ist es Ihnen nach den klassischen Gesetzen, die zu Beginn des 20. Jahrhunderts galten, nicht erlaubt, das Konto zu überziehen. Daher schließen diese Gesetze jede Möglichkeit von Zeitreisen aus. Doch wie in früheren Kapiteln beschrieben, wurden die klassischen Gesetze durch die der Quantenmechanik ersetzt, die auf der Unschärferelation beruht. Die Quantengesetze sind großzügiger und gestatten es Ihnen, ein oder zwei Konten zu überziehen, vorausgesetzt, die Gesamtbilanz bleibt positiv. Mit anderen Worten, die Quantentheorie lässt negative Energiedichte an einigen Stellen zu, solange sie durch positive Energiedichte an anderen Stellen ausgeglichen wird, sodass die Gesamtenergie positiv bleibt. Wir haben also Grund zu der Annahme, dass die Raumzeit gekrümmt werden kann und dass dies in einer Weise geschehen kann, dass dadurch Zeitreisen möglich werden.

Laut Feynmans Methode der Aufsummierung aller Möglichkeiten ereignen sich Zeitreisen in der Vergangenheit in gewisser Weise auf der Größenskala von einzelnen Teilchen. Danach ist ein gewöhnliches Teilchen, das sich in der Zeit vorwärts bewegt, gleichbedeutend mit einem Antiteilchen, das sich in der Zeit rückwärts bewegt. In Feynmans mathematischem Verfahren können Sie ein Teilchen-Antiteilchen-Paar, das zusammen erzeugt wird und sich dann gegenseitig vernichtet, als ein einzelnes Teilchen ansehen, das sich in einer geschlossenen Schleife der Raumzeit bewegt. Stellen Sie sich den Vorgang dazu erst einmal in herkömmlicher Weise vor. Zu einem bestimmten Zeitpunkt – sagen wir: dem Zeitpunkt A – werden Teilchen und Antiteilchen erzeugt. Beide bewegen sich in der Zeit vorwärts. Zu einem späteren Zeitpunkt, dem Zeitpunkt B, wechselwirken sie abermals und vernichten sich gegenseitig. Vor A und nach B existiert keines der Teilchen. Nach Feynman können Sie den Vorgang aber auch anders betrachten. Bei A wird ein einzelnes Teilchen erzeugt. Es bewegt sich in der Zeit nach B, dann kehrt es in der Zeit nach A zurück. Anstelle eines Teilchens und eines Antiteilchens, die sich in der Zeit vorwärts bewegen, haben wir nur noch ein Objekt, das sich in einer «Schleife» von A nach B und wieder zurück bewegt. Wenn sich ein Objekt in der Zeit vorwärts bewegt (von A nach B), nennen wir es ein Teilchen. Doch wenn das Objekt in der Zeit rückwärts reist (von B nach A), erscheint es uns als Antiteilchen, das sich in der Zeit vorwärts bewegt.

Solche Zeitreisen können beobachtbare Effekte hervorrufen. Nehmen wir beispielsweise an, ein Partner des Teilchen-Antiteilchen-Paares (sagen wir: das Antiteilchen) fällt in ein Schwarzes Loch und lässt das andere Teilchen ohne einen Partner zurück, mit dem es sich vernichten kann. Nun könnte das verlassene Teilchen zwar ebenfalls ins Loch fallen, es hätte aber auch die Möglichkeit, der Anziehungskraft des Schwarzen Loches zu entkommen. In diesem Fall würde ein Beobachter aus der Ferne den Eindruck gewinnen, das Schwarze Loch hätte ein Teilchen abgestrahlt. Man kann sich noch ein anderes, gleichwertiges, allerdings ebenso intuitives Bild von dem Mechanismus machen, der für die Strahlung Schwarzer Löcher verantwortlich ist. Der Partner des virtuellen Paars, der ins Schwarze Loch fällt, lässt sich als Teilchen verstehen, das sich rückwärts in der Zeit aus dem Loch herausbewegt. Wenn es an den Punkt gelangt, wo das virtuelle Teilchen und das virtuelle Antiteilchen gemeinsam als Paar entstanden sind, wird es vom Gravitationsfeld zu einem Teilchen gestreut, das sich in der Zeit vorwärts bewegt und dem Schwarzen Loch entkommt. Wäre es hingegen das Teilchen des virtuellen Paars, das ins Loch fiele, könnte man es als Antiteilchen ansehen, das sich in der Zeit zurückbewegt und aus dem Schwarzen Loch hervorkommt. Folglich zeigt die Strahlung Schwarzer Löcher, dass die Quantentheorie auf mikroskopischer Ebene die Bewegung zurück in die Vergangenheit erlaubt. Folglich können wir fragen, ob uns die Quantentheorie – vorausgesetzt, wir sind in der Lage, entsprechende Fortschritte in Wissenschaft und Technik zu machen – die Möglichkeit eröffnet, eine Zeitmaschine zu bauen. Auf den ersten Blick scheint das der Fall zu sein. Die Feynman'sche Aufsummierung von Möglichkeit soll für *alle* Geschichten gelten. Ergo müsste sie auch die Geschichten einbeziehen, in denen Raumzeit so gekrümmt ist, dass Reisen in die Vergangenheit mög-

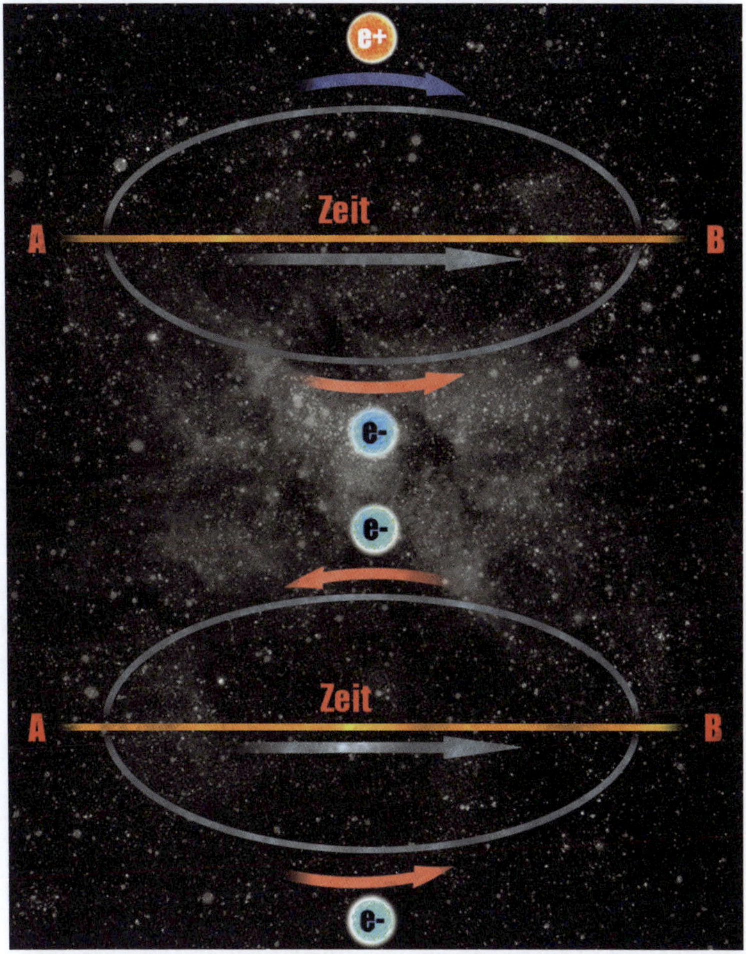

Antiteilchen à la Feynman

Ein Antiteilchen kann als ein Teilchen angesehen werden, das sich in der Zeit zurückbewegt. Ein virtuelles Teilchen-Antiteilchen-Paar können wir uns daher als ein Teilchen denken, das sich in einer geschlossenen Schleife der Raumzeit bewegt.

lich sind. Doch selbst wenn die bekannten Gesetze der Physik Zeitreisen nicht zu verbieten scheinen, gibt es andere Gründe, die solche Reisen fraglich erscheinen lassen.

Eine Frage lautet: Falls es möglich ist, in die Vergangenheit zu reisen, warum ist dann noch niemand aus der Zukunft zurückgekommen, um uns zu sagen, wie es geht? Es könnte gute Gründe geben, warum es unklug wäre, uns in unserem heutigen primitiven Entwicklungsstadium das Geheimnis der Zeitreise anzuvertrauen. Doch falls sich die Natur der Menschen in der Zwischenzeit nicht grundlegend gewandelt hätte, ist es andererseits kaum vorstellbar, dass nicht irgendein Besucher aus der Zukunft sich verplappern würde. Natürlich wird mancher einwenden, die Sichtungen von Ufos seien ein Beweis dafür, dass uns Außerirdische oder Menschen aus der Zukunft regelmäßig besuchen. (Außerirdische könnten die Reise zur Erde nur dann in einer vernünftigen Zeit zurücklegen, wenn sie sich mit Überlichtgeschwindigkeit fortbewegten. Insofern wären beide Möglichkeiten gleichbedeutend.)

Um zu erklären, warum wir keinen Besuch aus der Zukunft erhalten, könnte man unter anderem darauf verweisen, dass die Vergangenheit festgelegt ist, denn wir haben sie beobachtet und in ihr keine Spur von jenen Verwerfungen erkennen können, die erforderlich wären, um eine Reise zurück aus der Zukunft zu ermöglichen. Andererseits ist die Zukunft unbekannt und offen, sodass sie durchaus die erforderliche Krümmung enthalten könnte. Dann wäre jede Zeitreise auf die Zukunft beschränkt. Captain Kirk und die *Enterprise* hätten keine Chance, in der Gegenwart aufzutauchen.

Das würde eine Erklärung dafür bieten, warum wir noch nicht von Touristen aus der Zukunft überlaufen werden, es würde allerdings nicht die Probleme beseitigen, die die Vorstellung aufwirft, Menschen könnten in der Lage sein, in die Vergangenheit zu reisen und die Geschichte zu verändern. Warum haben wir dann keine Probleme mit der Geschichte? Nehmen wir beispielsweise an, jemand ginge zurück und verriete den Nazis das Geheimnis der Atombombe oder Sie gingen zurück und brächten Ihren Urgroßvater zur Strecke, als er noch ein Kind war. Es gibt viele Spielarten dieses Paradoxons, im Wesentlichen aber gleichen sie sich alle: Man würde auf Widersprüche stoßen, wenn man die Möglichkeit hätte, die Vergangenheit zu verändern. Für die Paradoxa der Zeitreise scheint es zwei Lösungsansätze zu geben: Den einen könnte man Ansatz der konsistenten Geschichten (consistent histories) nennen. Danach muss das, was in der Raumzeit geschieht, auch wenn diese derart gekrümmt ist, dass Reisen in die Vergangenheit möglich sind, mit den Naturgesetzen zu vereinbaren sein. So gesehen, könnten Sie nicht in der Zeit zurückreisen, es sei denn, die Geschichte zeigte, dass Sie bereits in der Vergangenheit waren und bei Ihrem Aufenthalt dort nicht Ihren Urgroßvater umgebracht oder irgendwelche anderen Handlungen vollzogen haben, die zu Ihrer jetzigen Situation in der Gegenwart in Widerspruch stehen. Mehr noch – gingen Sie zurück, wären Sie nicht in der Lage, die überlieferte Geschichte zu verändern. Sie würden ihr lediglich folgen. Nach dieser Auffassung sind Vergangenheit und Zukunft vorherbestimmt: Ihnen stünde also nicht frei zu tun, wozu Sie Lust hätten.

Natürlich könnte man einwenden, dass die Willensfreiheit sowieso eine Illusion ist. Wenn es wirklich eine vollständige, vereinheitlichte Theorie gibt, die alles festlegt, dann bestimmt sie vermutlich auch unser Handeln. Doch das geschieht in einer Weise, die sich bei einem Organismus, der so kompliziert wie der Mensch ist, beim besten Willen nicht berechnen lässt, außerdem kommt infolge quantenmechanischer Effekte eine gewisse Zufälligkeit ins Spiel. Man könnte also sagen, von der Willensfreiheit des Menschen sprechen wir nur, weil wir nicht vorhersagen können, was er tut. Doch wenn er sich in ein Raumschiff setzt, ins All fliegt und zurückkommt, bevor er aufgebrochen ist, dann werden wir durchaus vorhersagen können, was er tun wird, weil sein Handeln Teil der überlieferten Geschichte ist. In dieser Situation hätte der Zeitreisende also keine Willensfreiheit mehr.

Die andere Möglichkeit, die Paradoxa der Zeitreise aufzulösen, könnte als Hypothese der alternativen Geschichten (alternative histories) bezeichnet werden. Ihr liegt die Überlegung zugrunde, dass Zeitreisende bei ihrem Eintritt in die Vergangenheit in alternative Geschichten geraten, die sich von der überlieferten Geschichte unterscheiden. So können sie frei handeln, ohne dem Zwang der Konsistenz mit ihrer bisherigen Geschichte unterworfen zu sein. Auf amüsante Art hat Robert Zemeckis dies in seinen «Zurück-in-die-Zukunft»-Filmen demonstriert: Marty McFly hat dort die Möglichkeit, in die Vergangenheit zu reisen und die frühe Liebesbeziehung seiner Eltern in einen befriedigenderen Verlauf zu bringen.

Die Hypothese der alternativen Geschichten hat große Ähnlichkeit mit Richard Feynmans Aufsummierung von Möglichkeiten, jener neuen Methode zur Beschreibung der Quantentheorie, die ich in Kapitel neun erläutert habe. Feynman nimmt an, das Universum habe nicht nur eine einzige Geschichte, sondern jede denkbare Geschichte, wobei jede ihre eigene Wahrscheinlichkeit besitzt. In Feynmans Aufsummierung ist jede Geschichte eine vollständige Raumzeit mit allem, was sie enthält. Dabei kann die Raumzeit durchaus so gekrümmt sein, dass es möglich ist, mit einem Raumschiff in die Vergangenheit zu fliegen. Aber die Rakete bliebe in derselben Raumzeit und damit in derselben Geschichte, die konsistent, widerspruchsfrei zu sein hätte. Mithin scheint Feynmans Aufsummierung von Möglichkeiten für die Hypothese der konsistenten und nicht für die der alternativen Geschichten zu sprechen.

Diese Probleme würden vermieden, wenn sich die Hypothese des Chronologieschutzes, wie ich sie nenne, als gültig erwiese. Danach verhindern die Naturgesetze in ihrem Zusammenwirken, dass makroskopische Körper Informationen in die Vergangenheit tragen können. Diese Hypothese ist unbewiesen, hat aber so gute Gründe auf ihrer Seite, dass sie wahr sein könnte. Wenn nämlich die Raumzeit so stark gekrümmt ist, dass Reisen in die Vergangenheit möglich sind, zeigen quantenmechanische Berechnungen, dass Teilchen-Antiteilchen-Paare, die immer wieder durch geschlossene Schleifen laufen, so starke Energiedichten erzeugen, dass sie der Raumzeit eine positive Krümmung verleihen und damit der Krümmung entgegenwirken, welche die Zeitreise ermöglicht. Da jedoch noch nicht feststeht, dass es sich tatsächlich so verhält, bleibt die Frage von Zeitreisen offen. Ich werde darauf jedoch keine Wette abschließen. Der andere könnte ja den unfairen Vorteil haben, die Zukunft zu kennen.

KAPITEL ELF

NATURKRÄFTE UND DIE VEREINHEITLICHUNG DER PHYSIK

WIE IM DRITTEN KAPITEL dargelegt, wäre es sehr schwer gewesen, auf Anhieb eine vollständige vereinheitlichte Theorie von allem zu entwickeln, was im Universum geschieht. Stattdessen haben wir Fortschritte erzielt, indem wir Teiltheorien erarbeiteten, die einen begrenzten Ausschnitt des Geschehens beschreiben, und indem wir andere Effekte außer Acht ließen oder für sie Näherungen in Form bestimmter Zahlen einsetzten. Die wissenschaftlichen Gesetze, wie wir sie gegenwärtig kennen, enthalten viele Zahlen – beispielsweise den Wert für die elektrische Ladung des Elektrons und das Verhältnis der Massen von Proton und Elektron –, die wir, zumindest im Augenblick, nicht aus der Theorie vorhersagen können. Stattdessen müssen wir sie durch Beobachtung finden und in die Gleichungen einsetzen. Manche nennen diese Zahlen fundamentale Konstanten, andere Mogelfaktoren.

Egal, wie Sie dazu stehen, bemerkenswert ist, dass die Werte dieser Zahlen sehr fein darauf abgestimmt zu sein scheinen, dass sie die Entwicklung des Lebens ermöglichen. Wäre beispielsweise die elektrische Ladung des Elektrons nur ein wenig von ihrem tatsächlichen Wert abgewichen, wären die Sterne entweder nicht in der Lage gewesen, Wasserstoff und Helium zu verbrennen, oder sie wären nicht explodiert. In keinem Fall hätte es Leben geben können. Letztlich hoffen wir, eine vollständige, widerspruchsfreie und vereinheitlichte Theorie zu finden, die alle diese Teiltheorien als Näherungen zusammenfasst und die nicht durch irgendwelche willkürlichen Zahlen, wie etwa die Stärke der Elektronenladung, ergänzt werden muss, um sie mit den Beobachtungsdaten zur Deckung zu bringen.

Die Suche nach einer solchen Theorie läuft unter dem Stichwort Vereinheitlichung der Physik. Einstein verbrachte den größten Teil seines späteren Lebens mit der erfolglosen Suche nach einer vereinheitlichten Theorie. Die Zeit war eben noch nicht reif: Es gab Teiltheorien für die Gravitation und die elektromagnetische Kraft, doch über die Kernkräfte war sehr wenig bekannt. Überdies weigerte sich Einstein, an die Realität der Quantenmechanik zu glauben. Nun scheint aber die Unschärferelation eine elementare Eigenschaft des Universums zu sein, in dem wir leben. Eine Vereinheitlichung der Theorie muss deshalb dieses Prinzip unbedingt berücksichtigen.

Die Aussichten, eine solche Theorie zu finden, sind heute ungleich besser, weil wir wesentlich mehr über das Universum wissen. Doch hüten wir uns vor allzu großer Zuversicht – zu oft schon haben wir Heureka gerufen! Anfang des 20. Jahrhunderts glaubte man beispielsweise, dass sich alles mit den Eigenschaften kontinuierlicher Materie, etwa der Elastizität und der Wärmeleitung, erklären lasse. Die Entdeckung des Atomaufbaus und die Unschärferelation setzten dieser Hoffnung ein jähes Ende. 1928 teilte dann der Physiker und Nobelpreisträger Max Born einer Gruppe von Besuchern an der Universität Göttingen abermals mit: «Die Physik in der Form, wie wir sie kennen, wird es in sechs Monaten nicht mehr geben.» Seine Zuversicht gründete sich auf die Entdeckung der Elektronengleichung, die Dirac kurz zuvor gelungen war. Man nahm an, dass eine ähnliche Gleichung das Proton beschreiben würde, das damals als einziges anderes Teilchen bekannt war, und dass damit die theoretische Physik an ihr Ende gelangt sei. Doch die Entdeckung des Neutrons und der Kernkräfte machte auch diese Hoffnung zunichte. Trotz dieser Feststellung glaube ich, dass wir Grund zu vorsichtigem Optimismus haben. Möglicherweise stehen wir jetzt wirklich kurz vor dem Abschluss der Suche nach den letzten Gesetzen der Natur.

In der Quantenmechanik gehen wir davon aus, dass die Kräfte oder Wechselwirkungen zwischen Materieteilchen alle von Teilchen getragen werden. Dabei wird ein kräftetragendes Teilchen von einem Materieteilchen, etwa einem Elektron oder Quark, emittiert. Der Rückstoß dieser Emission verändert die Geschwindigkeit des Materieteilchens – aus dem gleichen Grund, warum eine Kanone zurückrollt, nachdem sie eine Kugel abgefeuert hat. Das kräftetragende Teilchen kollidiert anschließend mit einem anderen Materieteilchen und wird absorbiert, wodurch sich die Geschwindigkeit dieses zweiten Teilchens verändert. Das Endergebnis dieses Emissions- und Absorptionsprozesses ist ganz so, als hätte eine Kraft zwischen den beiden Materieteilchen gewirkt.

Jede Kraft wird durch ihre besondere Art von Kraftteilchen übermittelt. Wenn die kräftetragenden Teilchen über große Masse verfügen, ist es schwer, sie über größere Distanzen hervorzurufen und auszutauschen. Deshalb haben die Kräfte, die sie tragen, nur eine kurze Reichweite. Wenn die kräftetragenden Teilchen dagegen keine eigene Masse haben, wirken die Kräfte über große Distanz. Die kräftetragenden Teilchen, die zwischen Materieteilchen ausgetauscht werden, sind so genannte virtuelle Teilchen, weil sie im Unterschied zu wirklichen Teilchen von einem Teilchendetektor nicht direkt nachgewiesen werden können.

Kräftetragende Teilchen lassen sich vier Kategorien zuordnen. Es sei betont, dass diese Unterteilung in vier Klassen künstlich ist: Sie dient als bequemes Hilfsmittel bei der Entwicklung von Teiltheorien, geht aber möglicherweise am Kern der Dinge vorbei. Letztlich hoffen die meisten Physiker auf eine einheitliche Theorie, die alle vier Kräfte als verschiedene Aspekte einer einzigen erklärt – viele Experten würden dies als das vorrangige Ziel der heutigen Physik bezeichnen.

Die erste Kategorie ist die Gravitation. Diese Kraft ist universell, das heißt, jedes Teilchen spürt die Schwerkraft, je nach seiner Masse oder

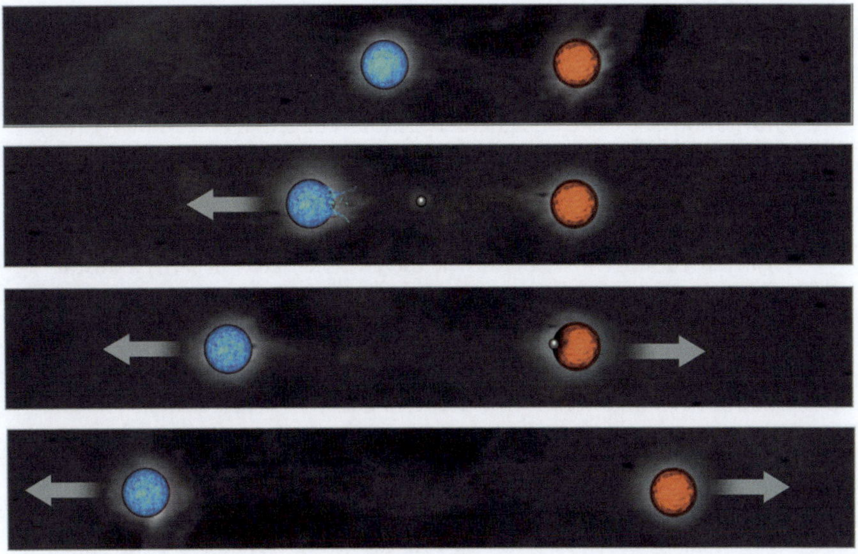

Teilchenaustausch
Laut der Quantentheorie entstehen Kräfte aus dem Austausch kräftetragender Teilchen.

Energie. Man geht davon aus, dass die Gravitationskraft durch den Austausch virtueller Teilchen, der Gravitonen, verursacht wird. Die Gravitation ist von allen vier Kräften bei weitem die schwächste. Sie ist so schwach, dass wir sie gar nicht bemerken würden, hätte sie nicht zwei besondere Eigenschaften: Sie kann über große Distanzen wirken, und sie ist immer eine anziehende Kraft. So summieren sich die sehr schwachen Gravitationskräfte zwischen den einzelnen Teilchen zweier großer Körper wie der Erde und der Sonne zu einer beträchtlichen Größe. Die anderen drei Kräfte wirken entweder nur über kurze Entfernungen, oder sie treten manchmal als Anziehungs- und manchmal als Abstoßungskräfte in Erscheinung, sodass sie sich großenteils aufheben.

Die nächste Kategorie ist die elektromagnetische Kraft, die auf elektrisch geladene Teilchen wie Elektronen und Quarks wirkt, nicht aber auf nichtgeladene Teilchen wie Neutrinos. Sie ist sehr viel stärker als die Gravitation: Die elektromagnetische Kraft ist ungefähr eine Million Millionen Millionen Millionen Millionen Millionen Millionen (eine 1 mit 42 Nullen) mal größer als die Gravitation. Es gibt jedoch zwei Arten von elektrischen Ladungen, positive und negative. Die Kraft zwischen zwei positiven Ladungen ist ebenso wie die zwischen zwei negativen abstoßend, während die Kraft zwischen einer positiven und einer negativen Ladung anziehend ist.

Ein großer Körper wie die Erde enthält eine annähernd gleiche Zahl von positiven und negativen Ladungen. Dadurch heben sich die Anziehungs- und Abstoßungskräfte der einzelnen Teilchen weitgehend auf, sodass die resultierende elektromagnetische Kraft sehr geringfügig ist. Doch bei den kleinen Abständen der Atome und Moleküle spielen die elektromagnetischen Kräfte eine beherrschende Rolle. Die elektromagnetische Anziehung zwischen negativ geladenen Elektronen und positiv geladenen Protonen im Kern veranlasst die Elektronen, um das Atom zu kreisen, wie die Gravitation die Erde zu ihrer Umlaufbahn um die Sonne veranlasst. Man stellt sich vor, dass die elektromagnetische Anziehungskraft durch den Austausch einer großen Zahl von virtuellen, masselosen Teilchen, den Photonen, verursacht wird. Wie gesagt, die ausgetauschten Photonen sind virtuelle Teilchen. Wenn aber ein Elektron von einer erlaubten Bahn auf eine andere, dem Kern näher gelegene überwechselt, wird Energie freigesetzt, und ein reales Photon emittiert – das als sichtbares Licht vom menschlichen Auge wahrgenommen werden kann, wenn es die richtige Wellenlänge hat, oder von einem Photonendetektor wie etwa einem fotografischen Film. Entsprechend kann ein reales Photon, wenn es mit einem Atom kollidiert, ein Elektron dazu bringen, auf eine weiter außen gelegene Bahn zu springen. Dieser Vorgang verbraucht die Energie des Photons, und es wird absorbiert.

Die dritte Kategorie heißt schwache Kernkraft oder schwache Wechselwirkung. Im Alltag kommen wir nicht in direkten Kontakt mit dieser Kraft. Sie ist jedoch für bestimmte Arten von Radioaktivität verantwortlich – den Zerfall der Atomkerne. Eine klare Vorstellung von der schwachen Kernkraft haben wir erst, seit Abdus Salam vom London Imperial College und Steven Weinberg von der Harvard University 1967 unabhängig voneinander Theorien vorschlugen, die diese Wechselwirkung mit der elektromagnetischen Kraft vereinigen, so wie Maxwell hundert Jahre zuvor Elektrizität und Magnetismus vereinigt hatte. Die Vorhersagen zeigten ein so hohes Maß an Übereinstimmung mit den Experimenten, dass Salam und Weinberg 1979 den Nobelpreis für Physik erhielten – zusammen mit Sheldon Glashow, ebenfalls von der Harvard University, der ähnliche vereinheitlichte Theorien der elektromagnetischen und der schwachen Kraft entwickelt hatte.

Die vierte Kategorie schließlich ist die stärkste der vier Kräfte, die starke Kernkraft. Das ist eine weitere Kraft, mit der wir keinen direkten Kontakt haben, doch sie ist die Kraft, die unsere Alltagswelt im Wesentlichen zusammenhält. Sie verbindet die Quarks zu Protonen und Neutronen und schließt die Protonen und Neutronen im Kern eines Atoms zusammen. Ohne die starke Kraft würde die elektrische Abstoßung zwischen den positiv geladenen Protonen jeden Atomkern im Universum auseinander reißen, ausgenommen den des Wasserstoffgases, denn der besteht nur aus einem einzigen Proton. Man nimmt an, dass diese Kraft von einem Teilchen getragen wird, das Gluon heißt und nur mit sich selbst und mit Quarks wechselwirkt.

Die gelungene Vereinheitlichung der elektromagnetischen und der schwachen Kernkraft führte zu zahlreichen Versuchen, diese beiden Kräfte mit der starken Kernkraft zur so genannten Großen Vereinheitlichten Theorie (abgekürzt GUT nach dem englischen Begriff *Grand Unified Theory*) zusammenzuschließen. Der Name ist leicht übertrieben: So großartig sind die resultierenden Theorien eigentlich nicht; sie sind auch nicht gänzlich vereinheitlicht, da sie die Gravitation nicht einbeziehen. Auch sind sie keine wirklich vollständigen Theorien, weil sie eine Reihe von Parametern enthalten, deren Werte nicht aus der Theorie vorhergesagt werden können, sondern so gewählt werden müssen, dass sie mit den experimentellen Daten verträglich sind. Trotzdem könnten sie ein Schritt auf dem Weg zu einer vollständigen, gänzlich vereinheitlichten Theorie sein.

Die Hauptschwierigkeit, eine Theorie zu finden, die die Gravitation mit den anderen Kräften vereinigt, liegt darin, dass die Gravitationstheorie – die allgemeine Relativitätstheorie – als einzige keine Quantentheorie ist, das heißt die Unschärferelation der Quantenmechanik nicht berücksichtigt. Da die anderen Teiltheorien jedoch wesentlich auf der Quantenmechanik beruhen, setzt die Vereinigung der Gravitation mit den anderen Theorien voraus, dass wir eine Möglichkeit finden, die Unschärferelation in die allgemeine Relativitätstheorie einzubinden. Doch bislang ist es noch niemandem gelungen, eine Quantentheorie der Gravitation vorzulegen.

Die Quantentheorie der Gravitation hat sich bislang so hartnäckig jedem Zugriff entzogen, weil aus der Unschärferelation folgt, dass auch «leerer» Raum mit Paaren virtueller Teilchen und Antiteilchen gefüllt ist. Wäre das nicht der Fall – das heißt, wäre der «leere» Raum tatsächlich vollkommen leer –, dann wären alle Felder, also etwa das elektromagnetische und das Gravitationsfeld, exakt gleich null. Doch mit dem Wert eines Feldes und seiner zeitlichen Veränderung verhält es sich wie mit der Position und Geschwindigkeit (das heißt Veränderung der Position) eines Teilchens. Aus der Unschärferelation folgt: Je genauer man eine dieser Größen kennt, umso weniger kann man über die andere aussagen. Deshalb kann das Feld im leeren Raum nicht genau null sein, weil es dann einen exakten Wert (null) und eine exakte Veränderungsrate (ebenfalls null) hätte und gegen die Unschärferelation verstieße. Es muss ein bestimmtes Mindestmaß an Ungewissheit oder Quantenfluktuationen im

Wert des Feldes bleiben. Man kann sich diese Fluktuationen als Teilchenpaare vorstellen, die irgendwann zusammen erscheinen, sich trennen, abermals zusammenkommen und sich gegenseitig vernichten. Es sind virtuelle Teilchen wie die kräftetragenden Teilchen: Im Gegensatz zu realen Teilchen kann man sie nicht direkt mit einem Teilchendetektor beobachten. Doch ihre indirekten Auswirkungen – zum Beispiel kleine Veränderungen in der Energie von Elektronenbahnen in Atomen – lassen sich sehr wohl messen und stimmen bemerkenswert genau mit den theoretischen Vorhersagen überein. Im Fall der Fluktuationen des elektrischen Felds sind diese Teilchen virtuelle Photonen und im Fall der Fluktuationen des Gravitationsfeldes virtuelle Gravitonen. Bei Fluktuationen der Felder der schwachen und der starken Kraft handelt es sich jedoch

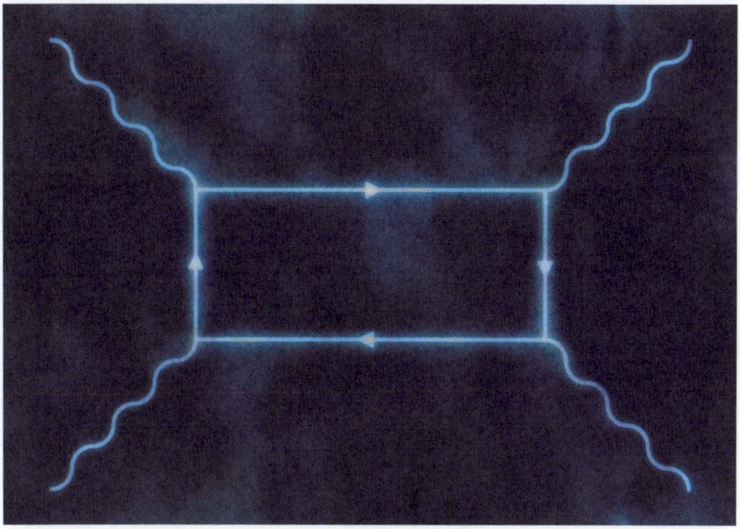

Feynman-Diagramm eines virtuellen Teilchen-Antiteilchen-Paars
Die Unschärferelation sagt für Elektronen voraus, dass virtuelle Teilchen-Antiteilchen-Paare selbst im leeren Raum erscheinen und sich gegenseitig vernichten.

um Paare virtueller Materieteilchen wie Elektronen oder Quarks und ihrer Antiteilchen.

Das Problem besteht darin, dass die virtuellen Teilchen Energie besitzen. Denn da es eine unendliche Zahl von virtuellen Paaren gibt, müssten sie über eine unendliche Energiemenge und daher, gemäß Einsteins Gleichung $E = mc^2$ (vgl. Kapitel fünf), auch über eine unendlich große Masse verfügen. Nach der allgemeinen Relativitätstheorie folgt daraus, dass ihre Gravitation das Universum zu unendlich kleiner Größe krümmen würde. Das aber ist ganz offensichtlich nicht der Fall! Zu ähnlichen, scheinbar absurden Unendlichkeiten kommt es in den anderen Teiltheorien – denen der starken, der schwachen und der elektromagnetischen Kraft. Doch in allen diesen Fällen lassen sich die unendlichen Größen durch einen Prozess aufheben, der als Renormierung bezeichnet wird – weshalb wir in der Lage waren, Quantentheorien dieser Kräfte zu entwickeln.

Bei der Renormierung hebt man die unendlichen Größen, die in der Theorie entstehen, dadurch auf, dass man andere unendliche Größen einführt. Allerdings müssen sie sich nicht exakt aufheben. In der Regel muss man die neuen Unendlichkeiten so wählen, dass sie kleine Relikte, kleine Reste, stehen lassen. Diese Reste bezeichnen wir in der Theorie als renormierte Größen.

Obwohl dieses Verfahren mathematisch ziemlich zweifelhaft ist, scheint es sich in der Praxis zu bewähren und hat in Verbindung mit diesen Theorien zu Vorhersagen geführt, die sich mit den Beobachtungsdaten außerordentlich genau decken. Unter dem Gesichtspunkt einer Vereinheitlichung der Theorien hat die Renormierung jedoch einen schwer wiegenden Nachteil, denn die tatsächlichen Werte der Massen und Kräfte lassen sich nicht aus der Theorie vorhersagen, sondern müssen so gewählt werden, dass sie den Beobachtungsdaten entsprechen. Bei dem Versuch, die Unschärferelation in die allgemeine Relativitätstheorie einzugliedern, hat man leider nur zwei Größen, die sich anpassen lassen: die

Stärke der Gravitation und den Wert der kosmologischen Konstante, den Term, den Einstein in seine Gleichungen einführte, weil er glaubte, das Universum expandiere (vgl. Kapitel sieben). Durch ihre Anpassung lassen sich jedoch nicht alle unendlichen Werte beseitigen. So hat man eine Theorie, aus der die Unendlichkeit bestimmter Größen, zum Beispiel der Raumzeitkrümmung, zu folgen scheint – obwohl die Beobachtungen und Messungen ergeben, dass sie durchaus endlich sind!

Dieses Problem bei der Verbindung von allgemeiner Relativitätstheorie und Unschärferelation wurde schon einige Zeit vermutet, bevor eingehende Berechnungen es 1972 bestätigten. Vier Jahre danach wurde eine mögliche Lösung, Supergravitation genannt, vorgeschlagen. Die Berechnungen allerdings, die erforderlich waren, um herauszufinden, ob solche Unendlichkeiten bestehen bleiben oder nicht, wären so lang und schwierig gewesen, dass sich niemand fand, sie vorzunehmen. Selbst mit Hilfe eines Computers hätte man für dieses Unterfangen viele Jahre benötigt, wobei eine hohe Wahrscheinlichkeit bestand, dass es dabei zu mindestens einem, vermutlich sogar zu mehreren Fehlern gekommen wäre. Also hätten wir nur wissen können, dass wir das richtige Resultat hätten, wenn jemand anders die Rechnung wiederholt und das gleiche Ergebnis errechnet hätte, und das erschien nicht sehr wahrscheinlich! Trotz dieser Probleme und obwohl die Teilchen in den Supergravitationstheorien sich nicht mit den beobachteten Teilchen zu decken schienen, hielten die meisten Wissenschaftler die Supergravitation für den richtigen Weg zur Verbindung der Gravitation mit den anderen Kräften. Doch 1984 kam es zu einem jähen Meinungsumschwung zugunsten der so genannten Stringtheorien.

Vor der Stringtheorie nahm man an, die fundamentalen Teilchen würden einen einzigen Punkt im Raum einnehmen. In den Stringtheorien sind die grundlegenden Objekte nicht Punktteilchen, sondern Dinge, die eine bestimmte Länge besitzen, aber sonst keine weitere Dimension – wie ein unendlich dünnes Saitenstück, im Englischen als *string* bezeichnet. Diese Strings können freie Enden haben (dann handelt es sich um so genannte offene Strings), oder sie können sich in sich selbst zu Schleifen zusammenschließen (geschlossene Strings). Ein Teilchen nimmt in jedem gegebenen Augenblick einen Punkt des Raums ein. Ein String dagegen nimmt zu jedem gegebenen Zeitpunkt eine Linie im Raum ein. Zwei Stringstücke können sich zu einem einzigen String verbinden: Im Falle offener Strings schließen sie sich einfach an den Enden zusammen, während der Vorgang bei geschlossenen Strings der Verbindung zweier Hosenbeine zu einer Hose ähnelt. Entsprechend kann sich ein einzelnes Stringstück in zwei Strings aufteilen. Wenn die fundamentalen Objekte im Universum Strings sind, womit haben wir es dann bei den Punktteilchen zu tun, die wir in unseren Experimenten zu beobachten scheinen? In der Stringtheorie werden die Objekte, die man sich vorher als Teilchen vorstellte, durch Wellen repräsentiert, die den String entlangwandern wie die Wellen auf einer vibrierenden Drachenschnur. Doch die Strings und ihre Schwingungen sind so winzig, dass wir ihre Form selbst mit modernsten Instrumenten nicht erkennen können, daher verhalten sie sich in allen unseren Experimenten wie winzige, unbestimmte Punkte. Stellen Sie sich ein Staubkorn vor: Von nahem oder unter einer Lupe betrachtet, werden Sie finden, dass das Korn eine unregelmäßige oder vielleicht sogar stringartige Form aufweist, doch aus der Ferne sieht es wie ein unbestimmter Punkt aus.

Die Emission eines Teilchens und seine Absorption durch ein anderes entspricht der Teilung beziehungsweise dem Zusammenschluss von Strings. So führen Teilchentheorien zum Beispiel die Gravitationswirkung der Sonne auf die Erde darauf zurück, dass ein Graviton von einem Teilchen in der Sonne emittiert und von einem Teilchen in der Erde absorbiert wird. In der Stringtheorie entspricht dieser Vorgang einem H-förmigen Rohr. (In gewisser Weise hat die Stringtheorie Ähnlichkeit mit der Klempnerei.) Die beiden senkrechten Seiten des H repräsentieren das Teilchen in der Sonne und in der Erde, während die waagerechte

Querverbindung dem Graviton entspricht, das sich von einem zum anderen bewegt.

Die Stringtheorie hat eine eigenartige Geschichte. Sie wurde Ende der sechziger Jahre entwickelt, weil man nach einer Theorie suchte, die die starke Kraft beschreibt. Man ging von dem Gedanken aus, dass Teilchen wie Protonen und Neutronen als Wellen auf einer Saite (String) angesehen werden können. Die starken Kräfte zwischen den Teilchen entsprechen dann den Stringstücken, die wie in einem Spinnennetz andere Stringabschnitte miteinander verbinden. Um den beobachteten Wert der starken, zwischen Teilchen wirksamen Kraft zu erreichen, mussten die Strings Gummibändern gleichen, die mit einer Zugkraft von ungefähr zehn Tonnen ausgestattet sind.

1974 veröffentlichten Joël Scherk aus Paris und John Schwarz vom California Institute of Technology einen Artikel, in dem sie zeigten, dass sich mit der Stringtheorie auch die Gravitationskraft beschreiben lässt, allerdings nur, wenn man eine sehr viel höhere Stringspannung von ungefähr tausend Millionen Millionen Millionen Millionen Millionen Millionen (eine 1 mit 39 Nullen) Tonnen zugrunde lege. Bei normalen Größenverhältnissen kommt man mit der Stringtheorie zu den gleichen Vorhersagen wie die allgemeine Relativitätstheorie. Bei sehr geringen Abständen jedoch – einem kleineren als einem Tausend-Millionen-Millionen-Millionen-Millionen-Millionstel eines Zentimeters – zeigten sich Unterschiede. Aber die Arbeit der beiden Wissenschaftler fand nicht viel Resonanz, weil damals die meisten Physiker die ursprüngliche Stringtheorie über die starke Kraft zugunsten der Theorie aufgaben, die auf Quarks und Gluonen beruht, weil diese sich sehr viel besser mit den Beobachtungsdaten zu decken schien. Scherk starb unter tragischen Umständen (er litt unter Diabetes und fiel in ein Koma, als niemand in seiner Nähe war, um ihm eine Insulinspritze zu geben). Damit blieb Schwarz als einziger Vertreter der Stringtheorie übrig, doch jetzt mit dem sehr viel höher veranschlagten Wert für die Stringspannung. 1984 erhielt das Interesse an Strings einen plötzlichen Auftrieb – offenbar aus zwei Gründen: Zum einen wollte der Nachweis nicht so recht gelingen, dass die Supergravitation endlich sei oder dass sie die Teilchenarten erklären könne, die wir beobachten. Zum anderen veröffentlichten John Schwarz und Mike Green vom Londoner Queen Mary College einen Artikel, in dem sie zeigten, dass die Stringtheorie in der Lage sein könnte, das Vorhandensein von Teilchen zu erklären, die, wie die Beobachtung zeigt, einen natürlichen Linksdrall haben, wie es bei einigen Teilchen, die wir beobachten, der Fall ist. (Das Verhalten der meisten Teilchen bliebe gleich, wenn man die Versuchsanordnung abwandelte, indem man alles im Spiegel zeigte, doch das Verhalten dieser Teilchen würde sich verändern. Es ist, als wären sie links- oder rechtshändig, aber nicht beidhändig.) Was für Gründe auch immer ausschlaggebend gewesen sein mögen – auf einmal befasste sich jedenfalls eine große Zahl von Wissenschaftlern mit der Stringtheorie. Bald wurde eine neue Version entwickelt, von der es schien, als könnte sie die beobachteten Teilchenarten erklären.

Auch die Stringtheorien führen zu Unendlichkeiten, von denen man aber annimmt, dass sie sich aufheben werden. (Allerdings herrscht darüber noch keine Gewissheit.) Die Stringtheorien werfen jedoch noch ein größeres Problem auf: Sie scheinen nur dann widerspruchsfrei zu sein, wenn die Raumzeit entweder 10 oder 26 Dimensionen, nicht aber, wenn sie die üblichen 4 Dimensionen hat! Gewiss, zusätzliche Raumzeitdimensionen sind ein Allgemeinplatz der Science-Fiction-Literatur, ja, sie bieten eine ideale Möglichkeit, die gewohnte Einschränkung der allgemeinen Relativitätstheorie zu überwinden – dass nämlich nichts schneller als das Licht sein kann (vgl. Kapitel zehn). Dann nämlich, wenn man eine Abkürzung durch die zusätzlichen Dimensionen finden kann. Dies kann man sich folgendermaßen vorstellen: Nehmen wir an, der Raum, in dem wir leben, hätte nur zwei Dimensionen und wäre wie die Oberfläche eines Ankerrings oder Torus gekrümmt. Befänden Sie sich auf der einen Seite des Innenrandes und wollten zu einem Punkt der anderen

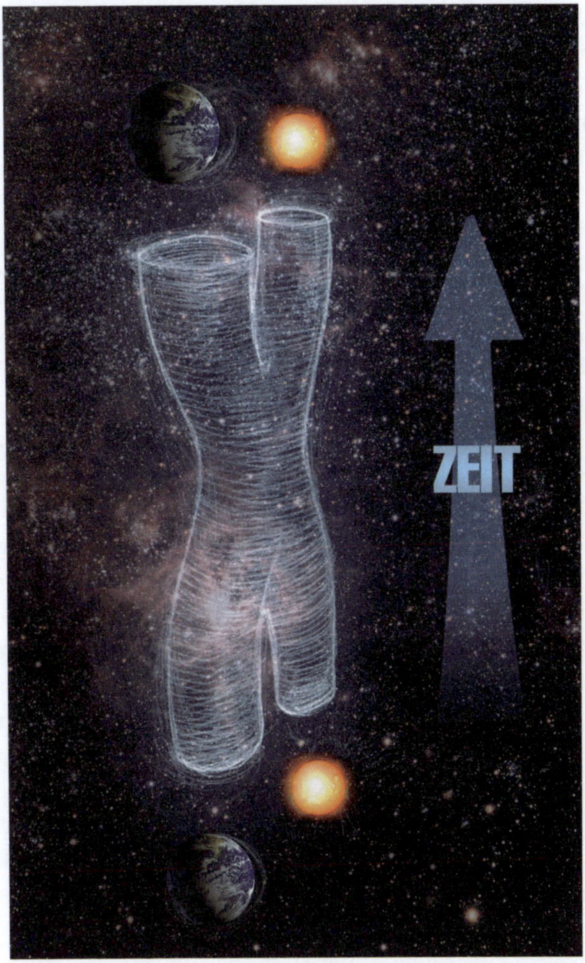

Feynman-Diagramme in der Stringtheorie

In der Stringtheorie nimmt man an, dass Kräfte mit großer Reichweite durch Verbindungsröhren und nicht durch den Austausch kräftetragender Teilchen verursacht werden.

Seite gelangen, so hätten Sie sich kreisförmig auf dem inneren Rand des Rings zu bewegen, um Ihr Ziel zu erreichen. Wären Sie hingegen in der Lage, sich in der dritten Dimension fortzubewegen, so könnten Sie den geraden Weg hinüber nehmen.

Warum bemerken wir all diese zusätzlichen Dimensionen nicht, wenn es sie wirklich gibt? Warum nehmen wir nur drei Dimensionen des Raums und eine der Zeit wahr? Man nimmt an, dass es sich um andere Dimensionen als unsere alltäglichen handelt. Man nimmt an, dass die anderen Dimensionen zu einem Raum von sehr geringer Ausdehnung zusammengerollt sind – etwa in der Größenordnung von einem Millionen-Millionen-Millionen-Millionen-millionstel Zentimeter. Die Dimensionen sind also einfach zu klein, um von uns bemerkt zu werden: Wir sehen nur eine Dimension der Zeit und drei des Raumes, und zwar in einer ziemlich flachen Raumzeit. Stellen Sie sich dazu die Oberfläche eines Strohhalms vor. Betrachten Sie ihn von nahem, erkennen Sie, dass er zweidimensional ist, das heißt, die Position eines Punktes auf dem Strohhalm wird durch zwei Zahlen angegeben, durch die Länge entlang des Halms und die Strecke entlang der kreisförmigen Dimension. Allerdings ist die kreisförmige Dimension viel kleiner als die Längendimension. Daher ist die Dicke des Strohhalms aus der Ferne nicht mehr wahrzunehmen, sodass er eindimensional aussieht. Mit anderen Worten, es scheint, als brauchten Sie nur die Länge entlang das Strohhalms anzugeben, um die Position eines Punktes zu bestimmen. Genauso verhalte es sich mit der Raumzeit, sagen die Stringtheoretiker: Bei sehr kleinen Abständen ist sie vielleicht zehndimensional und stark gekrümmt, doch bei größeren Abständen sind die Krümmung und die anderen Dimensionen nicht mehr zu erkennen.

Wenn diese Vorstellung richtig ist, so bedeutet sie nichts Gutes für die Leute, die von Reisen durch die Weiten des Weltraums träumen: Die zusätzlichen Dimensionen wären viel zu klein, um ein Raumschiff durchzulassen. Außerdem wirft sie für Wissenschaftler ein weiteres schwieriges Problem auf: Warum sind nur einige und nicht alle Dimensionen zu einer kleinen Kugel zusammengerollt? Vermutlich waren im sehr frühen Universum alle Dimensionen stark gekrümmt. Warum haben sich drei Dimensionen des Raums und eine der Zeit entrollt, während die anderen fest zusammengerollt blieben?

Eine mögliche Antwort liefert das anthropische Prinzip, das sich in dem Satz zusammenfassen lässt: «Wir sehen das Universum so, wie es ist, weil wir existieren.» Es gibt zwei Versionen des anthropischen Prinzips, eine schwache und eine starke. Nach dem schwachen anthropischen Prinzip werden in einem Universum, das groß oder unendlich im Raum und/oder in der Zeit ist, die für die Entwicklung intelligenten Lebens erforderlichen Bedingungen nur in bestimmten, räumlich und zeitlich begrenzten Regionen erfüllt sein. Es sollte die intelligenten Wesen, die diese Regionen bewohnen, deshalb nicht überraschen, wenn sie feststellten, dass ihr Abschnitt des Universums den Bedingungen gerecht werde, die für ihre Existenz notwendig sind. Das ähnelt ein wenig der Situation eines reichen Menschen, der keine Armut sieht, weil er in einem wohlhabenden Viertel wohnt.

Einige gehen jedoch viel weiter und schlagen eine starke Version des Prinzips vor. Nach dieser Theorie gibt es entweder viele verschiedene Regionen des Universums oder viele verschiedene Universen, jedes mit einem eigenen Urzustand und vielleicht – mit seinem eigenen System von Naturgesetzen. In den meisten dieser Universen sind nach dieser Auffassung die Bedingungen nicht für die Entwicklung komplizierter Organismen geeignet. Nur in wenigen Universen wie dem unseren entwickeln sich intelligente Wesen und fragen sich: «Warum ist das Universum so, wie wir es sehen?» Unter diesen Umständen ist die Antwort einfach: Wäre es anders, wären wir nicht hier!

Nur wenige Forscher würden die Gültigkeit oder Nützlichkeit des schwachen anthropischen Prinzips infrage stellen, aber es gibt eine Reihe von Einwänden, die sich gegen das starke anthropische Prinzip als Erklärung des beobachteten Zustands des Universums vorbringen lassen, zum Beispiel der folgende: In welchem Sinne lässt sich sagen, dass diese verschiedenen Universen vorhanden sind? Wenn sie wirklich getrennt voneinander existieren, dann kann das Geschehen in einem anderen Universum keine beobachtbaren Konsequenzen für unser eigenes haben. Deshalb sollten wir uns an das Ökonomieprinzip halten und sie aus der Theorie ausklammern. Wenn sie dagegen nur verschiedene Regionen ein und desselben Universums sind, müssten in jeder Region die gleichen Naturgesetze gelten, weil wir uns sonst nicht kontinuierlich von einer Region zur anderen bewegen könnten. In diesem Falle wäre der einzige Unterschied zwischen den Regionen ihr Anfangszustand, womit aus dem starken anthropischen Prinzip das schwache würde.

Das anthropische Prinzip liefert eine mögliche Antwort auf die Frage, warum sich die Extradimensionen der Stringtheorie aufgerollt haben. Zwei Raumdimensionen scheinen für die Entwicklung so komplizierter Wesen, wie wir es sind, nicht auszureichen. Beispielsweise müssten zweidimensionale Tiere, die auf einem Kreis (der Oberfläche einer zweidimensionalen Erde) lebten, übereinander klettern, um aneinander vorbeizukommen. Wenn ein zweidimensionales Geschöpf etwas fressen würde, müsste es die unverdaulichen Überreste auf dem gleichen Weg nach draußen befördern, auf dem die Nahrung nach innen gelänge, denn gäbe es einen Weg durch den Körper des Geschöpfes, würde er es in zwei separate Hälften zerlegen – unser zweidimensionales Wesen fiele auseinander. Entsprechend lässt es sich schwer vorstellen, wie der Blutkreislauf eines solchen zweidimensionalen Geschöpfes aussehen sollte.

Probleme würde es auch bei mehr als drei Raumdimensionen geben. Die Gravitationskraft zwischen zwei Körpern würde mit der Entfernung rascher abnehmen als in drei Dimensionen. (In drei Dimensionen verringert sich die Gravitation auf ein Viertel der ursprünglichen Stärke, wenn man die Entfernung verdoppelt. In vier Dimensionen würde sie auf ein Achtel zurückgehen, in fünf Dimensionen auf ein Sechzehntel und so fort.) Das hätte zur Folge, dass die Umlaufbahnen der Planeten, zum Beispiel die der Erde um die Sonne, instabil würden: Die geringste Ablenkung von einer kreisförmigen Umlaufbahn (wie sie etwa die Gravitation anderer Planeten verursachen könnte) würde dazu führen, dass sich die Erde in Spiralen auf die Sonne zu- oder von ihr fortbewegte. Wir würden entweder erfrieren oder verbrennen. Dieses Verhalten der Gravitation bei wachsender Entfernung in mehr als drei Dimensionen hätte auch zur Folge, dass die Sonne keinen stabilen Gleichgewichtszustand zwischen Druck und Gravitation herstellen könnte. Sie würde entweder auseinander fallen oder zu einem Schwarzen Loch zusammenstürzen. In beiden Fällen wäre sie als Wärme- und Lichtquelle für das Leben auf der Erde ohne großen Wert. Genauso wie die Gravitationskräfte verhielten sich im Kleinen die elektrischen Kräfte, die das Elektron veranlassen, um den Atomkern zu kreisen. Das Elektron würde sich also entweder gänzlich von dem Atom entfernen oder spiralförmig in den Kern wandern. In beiden Fällen hätten wir es nicht mehr mit Atomen zu tun, wie wir sie kennen.

Daraus scheint zu folgen, dass das Leben, zumindest in der uns bekannten Form, nur in Regionen der Raumzeit vorkommen kann, in denen genau drei Raum- und eine Zeitdimension nicht eng zusammengerollt sind. Dies würde bedeuten, dass man sich auf das schwache anthropische Prinzip berufen könnte, vorausgesetzt, man kann beweisen, dass die Stringtheorie solche Regionen des Universums zumindest zulässt – und dies scheint der Fall zu sein. Es mag durchaus andere Regionen des Universums geben – oder andere Universen (was immer das bedeuten mag) –, in denen alle Dimensionen eng zusammengerollt oder in denen mehr als vier Dimensionen nahezu flach sind, doch in solchen Regionen gäbe es keine intelligenten Wesen, die die Auswirkungen anderszahliger Dimensionen beobachten könnten.

Ein weiteres Problem liegt darin, dass es mindestens fünf verschiedene Stringtheorien gibt (zwei der offenen Strings und drei verschiedene

Theorien geschlossener Strings) sowie Millionen Arten, die von der Stringtheorie vorhergesagten zusätzlichen Dimensionen aufzurollen. Warum sollte man sich auf eine Stringtheorie und eine Form des Aufrollens beschränken? Eine Zeit lang wusste man keine Antwort darauf, und die Entwicklung stagnierte. Um 1994 begannen dann Wissenschaftler etwas zu entdecken, was Dualitäten genannt wird: Verschiedene Stringtheorien und verschiedene Arten, die Dimensionen aufzurollen, könnten zu gleichen Ergebnissen in vier Dimensionen führen. Mehr noch – neben den Teilchen, die einen einzigen Punkt im Raum einnehmen, und den Strings, die Linien sind, stieß man jetzt auf die so genannten p-Branen, die zwei oder mehr Dimensionen im Raum besitzen. (Ein Teilchen lässt sich als 0-Bran und ein String als 1-Bran verstehen, aber es gibt auch p-Branen mit p = 2 bis 9. Eine 2-Bran kann man sich als zweidimensionale Membran denken. Höherdimensionale Branen lassen sich kaum noch vorstellen.) Offenbar herrscht eine Art Demokratie (im Sinne von gleichem Mitspracherecht) im Reich von Supergravitations-, String- und p-Bran-Theorie: Sie scheinen sich gut zu vertragen, ohne dass sich von einer sagen ließe, sie sei fundamentaler als die anderen. Es hat den Anschein, als seien sie unterschiedliche Annäherungen an eine fundamentale Theorie, die jeweils in verschiedenen Situationen gültig sind.

Nach dieser wahrhaft grundlegenden Theorie sucht man bislang vergeblich. Und ich denke, dass es diese eine, allumfassende Formulierung der fundamentalen Theorie vielleicht gar nicht gibt, so wenig, wie sich, nach Gödels Erkenntnis, die Arithmetik durch ein einziges Axiomensystem ausdrücken lässt. Möglicherweise haben wir hier das gleiche Problem wie bei Landkarten: Die Oberfläche der Erde oder eines Torus lässt sich nicht durch eine einzige Karte beschreiben. Um jeden Punkt zu erfassen, braucht man für die Erde mindestens zwei und für den Torus vier Karten. Jede Karte ist nur für eine begrenzte Region gültig, aber verschiedene Karten überschneiden sich in bestimmten Regionen. Eine solche Zusammenstellung von Karten liefert eine vollständige Beschrei-

Die Bedeutung der Dreidimensionalität
In mehr als drei Raumdimensionen wären die Planetenbahnen instabil, die Planeten würden entweder in die Sonne stürzen oder ins All davonfliegen.

bung der Oberfläche. Entsprechend müssen vielleicht in der Physik verschiedene Formulierungen in verschiedenen Situationen verwendet werden, wobei zwei verschiedene Formulierungen in Situationen, in denen sie sich beide verwenden lassen, übereinstimmen würden. Wenn es sich so verhielte, wäre die gesamte Zusammenstellung verschiedener Formulierungen als vollständige vereinheitliche Theorie zu betrachten, auch wenn sie sich nicht durch ein einziges System von Postulaten ausdrücken ließe.

Die gesamte Zusammenstellung verschiedener Formulierungen wäre dann als vollständig vereinheitlichte Theorie zu betrachten, auch wenn sie sich nicht durch ein einziges System von Postulaten ausdrücken ließe. Doch selbst das könnte mehr sein, als die Natur erlaubt. Aber kann es überhaupt eine solche einheitliche Theorie geben? Oder jagen wir vielleicht nur einem Phantom hinterher? Drei Möglichkeiten zeichnen sich ab:

1. Es gibt wirklich eine vollständige einheitliche Theorie, die wir eines Tages entdecken werden, wenn wir findig genug sind.
2. Es gibt keine endgültige Theorie des Universums, nur eine unendliche Folge von Theorien, die das Universum von Mal zu Mal genauer beschreiben, aber nie ganz exakt sind.
3. Es gibt keine Theorie des Universums; Ereignisse können nicht über ein gewisses Maß an Genauigkeit hinaus vorhergesagt werden, jenseits dessen sie zufällig und beliebig auftreten.

Manch einer wird der dritten Möglichkeit zuneigen, weil ein vollständiges System von Gesetzen Gottes Freiheit einschränken würde, seine Meinung zu ändern und in die Welt einzugreifen. Aber könnte Gott, da er doch allmächtig ist, nicht seine Freiheit beschneiden, wenn er es wollte? Dies erinnert ein bisschen an das alte Paradoxon: Kann Gott einen Stein so schwer machen, dass er ihn nicht zu heben vermag? Doch der Gedanke, Gott könnte seine Meinung ändern, ist ein Beispiel für den Trugschluss, auf den Augustinus hingewiesen hat – die Vorstellung nämlich, Gott existiere in der Zeit. Die Zeit ist nur eine Eigenschaft des Universums, das Gott geschaffen hat. Vermutlich wusste er, was er vorhatte, als er es machte.

Mit der Entwicklung der Quantenmechanik sind wir zu der Erkenntnis gekommen, dass sich Ereignisse nicht mit letzter Genauigkeit vorhersagen lassen. Wenn man möchte, kann man dieses Zufallselement natürlich dem Eingreifen Gottes zuschreiben, doch es wäre eine sehr merkwürdige Form der Intervention: Es gibt keinen Anhaltspunkt dafür, dass sie irgendeinem Zweck dienen würde. Denn wäre das der Fall, könnte dieser Eingriff definitionsgemäß nicht zufällig sein. In neuerer Zeit haben wir die dritte Möglichkeit durch eine Neudefinition der wissenschaftlichen Zielsetzungen ausgeschlossen: Unsere Absicht ist es, ein System von Gesetzen zu formulieren, mit deren Hilfe wir Ereignisse nur innerhalb der Grenzen vorhersagen können, die durch die Unschärferelation gesetzt werden.

Die zweite Möglichkeit – dass es eine unendliche Folge von immer genaueren Theorien gibt – deckt sich mit allen Erfahrungen, die wir bisher gemacht haben. Immer wieder haben wir die Genauigkeit unserer Messungen verbessert oder eine neue Klasse von Beobachtungen erreicht, woraufhin wir neue Phänomene entdeckt haben, die von der vorhandenen Theorie nicht vorhergesagt wurden, und um sie zu erklären, mussten wir unsere Theorie abändern und weiterentwickeln. Die Untersuchung von Teilchen, die mit immer höheren Energien wechselwirken, könnte tatsächlich neue Schichten im Aufbau der Materie offenbaren, die noch fundamentaler sind als die Quarks und Elektronen, die wir gegenwärtig für «Elementarteilchen» halten.

Was würde es bedeuten, wenn wir tatsächlich die endgültige Theorie des Universums entdeckten?

Wie im dritten Kapitel dargelegt, könnten wir nie ganz sicher sein, ob wir tatsächlich die richtige Theorie gefunden hätten, da Theorien sich nicht beweisen lassen. Doch wenn die Theorie mathematisch schlüssig wäre und stets Vorhersagen lieferte, die sich mit den Beobachtungen deckten, so könnten wir mit einiger Sicherheit davon ausgehen, dass es die richtige wäre. Damit wäre ein langes und ruhmreiches Kapitel in der Geschichte des menschlichen Bemühens um das Verständnis des Universums abgeschlossen. Aber auch der Laie würde eine ganz neue Vorstellung von den Gesetzen gewinnen, die das Universum regieren.

Zu Newtons Zeit konnte der Gebildete noch den gesamten Horizont menschlichen Wissens überblicken, zumindest in groben Umrissen. Seither aber hat sich die Entwicklung der Wissenschaften so beschleunigt, dass dazu niemand mehr imstande ist. Da man die Theorien ständig verändert, um sie neuen Beobachtungen anzupassen, können sie nie zu einer für den Laien verständlichen Form verarbeitet und vereinfacht werden. Man muss schon ein Spezialist sein, und selbst dann kann man nur hoffen, einen kleinen Ausschnitt aus dem Spektrum wissenschaftlicher Theorien wirklich zu verstehen. Überdies ist das Tempo des Fortschritts so groß, dass der Wissensstoff, den man an der Schule oder Universität vermittelt bekommt, stets schon ein bisschen veraltet ist. Nur wenige Menschen vermögen mit dem raschen Wandel unserer Erkenntnisse Schritt zu halten, und das nur, wenn sie dafür ihre ganze Zeit opfern und sich auf ein kleines Fachgebiet spezialisieren. Alle anderen haben kaum eine Vorstellung von den Fortschritten, die erzielt werden, und der Aufregung, die sie hervorrufen. Vor siebzig Jahren haben, wenn man Eddington Glauben schenken darf, nur zwei Menschen die allgemeine Relativitätstheorie verstanden. Heute sind es Zehntausende von Hochschulabsolventen, und viele Millionen Menschen sind zumindest in groben Zügen mit ihr vertraut. Würde man eine vollständige und vereinheitlichte Theorie entdecken, wäre es nur eine Frage der Zeit, bis man sie in der gleichen Weise so weit verarbeitet und vereinfacht hätte, dass sie sich zumindest skizzenhaft in den Schulen vermitteln ließe. Wir wären dann alle bis zu einem gewissen Grad in der Lage, die Gesetze zu verstehen, die unser Universum bestimmen und die für unsere Existenz verantwortlich sind.

Selbst wenn wir eine vollständige vereinheitlichte Theorie entdecken, würde dies nicht bedeuten, dass wir ganz allgemein Ereignisse vorhersagen könnten, und zwar aus zwei Gründen. Erstens wird unsere Vorhersagefähigkeit durch die Unschärferelation der Quantenmechanik eingeschränkt, ein Prinzip, das sich durch nichts außer Kraft setzen lässt. In der Praxis wirkt sich diese Einschränkung jedoch weniger restriktiv aus als die zweite. Sie erwächst aus unserer Unfähigkeit, die Gleichungen der

Theorie, von sehr einfachen Situationen abgesehen, exakt zu lösen. Wie gesagt, niemand kann exakt die Quantengleichungen für ein Atom lösen, das aus einem Kern und mehr als einem Elektron besteht. Wir können noch nicht einmal exakte Lösungen für die Bewegung dreier Körper in einer so einfache Theorie wie Newtons Gravitationstheorie finden, und die Schwierigkeiten wachsen mit der Zahl der Körper und der Komplexität der Theorie. Für praktische Anwendungen genügen in der Regel Näherungslösungen, allerdings sind die kaum in der Lage, die großen Erwartungen einzulösen, die durch den Begriff «vereinheitlichte Theorie von allem» geweckt werden!

Die Gesetze, die – von ganz extremen Bedingungen abgesehen – das Verhalten der Materie regieren, sind uns bereits bekannt. Vor allem kennen wir die grundlegenden Gesetze, die chemische und biologische Prozesse steuern. Aber das heißt noch lange nicht, dass in jenen Bereichen automatisch alle Probleme gelöst wären. Jedenfalls haben wir zum Beispiel bislang wenig Erfolg damit gehabt, menschliches Verhalten aus mathematischen Gleichungen vorherzusagen! Selbst wenn wir also ein vollständiges System von grundlegenden Gesetzen fänden, stünden wir in den folgenden Jahren noch immer vor der schwierigen Aufgabe, bessere Näherungsmethoden zu entwickeln, um brauchbare Vorhersagen über wahrscheinliche Konsequenzen komplizierter realer Situationen zu machen. Eine vollständige, widerspruchsfreie vereinheitlichte Theorie ist nur der erste Schritt: Unser Ziel ist ein vollständiges Verständnis der Ereignisse um uns her und unserer Existenz.

KAPITEL ZWÖLF

SCHLUSS

WIR LEBEN, SO STELLEN WIR FEST, in einer befremdlichen Welt. Wir möchten verstehen, was wir um uns her wahrnehmen, und fragen: Wie ist das Universum beschaffen? Welchen Platz nehmen wir in ihm ein, woher kommt es, und woher kommen wir? Warum ist es so und nicht anders?

Indem wir versuchen, diese Fragen zu beantworten, machen wir uns ein «Weltbild» zu Eigen. Nicht anders als der unendliche Schildkrötenturm, auf dem die flache Erde ruht, ist auch die Superstringtheorie ein solches Weltbild. Wenn diese auch sehr viel mathematischer und genauer ist als der Schildkrötenturm, so sind sie doch beide nur Theorien des Universums. Beide sind sie durch Beobachtung nicht zu belegen: Niemand hat je die Riesenschildkröte mit der Erde auf ihrem Rücken entdeckt, aber ein Superstring ist bislang auch noch nicht gesichtet worden. Doch kann die Schildkrötentheorie nicht als gute wissenschaftliche Theorie gelten, weil aus ihr folgt, dass die Menschen vom Rand der Welt hinunterfallen müssen. Dies deckt sich nicht mit unserer Erfahrung, es sei denn, es erwiese sich als die Erklärung für das angebliche Verschwinden der Menschen im Bermuda-Dreieck.

Die ersten theoretischen Versuche, das Universum zu beschreiben und zu erklären, beriefen sich auf Götter und Geister, die die Ereignisse und Naturerscheinungen lenkten und auf sehr menschliche, unberechenbare Weise handelten. Sie bewohnten die Natur – Flüsse und Berge, aber auch Himmelskörper wie Sonne und Mond. Sie mussten besänftigt

Von Schildkröten zum gekrümmten Raum
Alte und moderne Ansichten vom Universum.

und freundlich gestimmt werden, wenn die Felder fruchtbar sein und die Jahreszeiten ihren gewohnten Gang nehmen sollten. Allmählich bemerkten die Menschen jedoch gewisse Regelmäßigkeiten: Die Sonne ging immer im Osten auf und im Westen unter, ganz gleich, ob man dem Sonnengott geopfert hatte oder nicht. Sonne, Mond und Planeten folgten genau festgelegten Himmelsbahnen, die man genau vorhersagen konnte. Die Sonne und der Mond mochten zwar Götter sein, aber sie gehorchten dennoch strengen Gesetzen, und zwar offenbar ohne jegliche Ausnahme – lässt man Geschichten wie die des Josua außer Acht, für den die Sonne auf ihrem Weg innehielt.

Zunächst zeigten sich diese Regelmäßigkeiten und Gesetze nur in der Astronomie und in einigen wenigen anderen Situationen. Doch mit fortschreitender Entwicklung der menschlichen Kultur wurden immer mehr Regelmäßigkeiten und Gesetze entdeckt, vor allem in den letzten dreihundert Jahren. Der Erfolg dieser Gesetze ermutigte Laplace Anfang des

19. Jahrhunderts, den wissenschaftlichen Determinismus zu verkünden. Es werde ein System von Gesetzen geben, behauptete er, aus dem sich die Entwicklung des Universums detailliert ableiten lasse, wenn dessen Zustand zu einem beliebigen Zeitpunkt vollständig bekannt sei.

Der Laplace'sche Determinismus war in zweierlei Hinsicht unvollständig. Er ließ offen, woran man diese Gesetze erkennen könne, und er versäumte es, den Anfangszustand des Universums zu bestimmen. Das blieb Gott überlassen. Nach dieser Auffassung entschied Gott über den Beginn des Universums und über die Gesetze, die den Ablauf der Ereignisse bestimmen. Er enthält sich aber aller Eingriffe in das Universum, sobald der Anfang gemacht ist. Damit wurde Gott in die Gebiete abgedrängt, die die Wissenschaft des 19. Jahrhunderts nicht verstand.

Wir wissen heute, dass sich die deterministischen Hoffnungen Laplaces nicht einlösen lassen, jedenfalls nicht so, wie er sich das vorstellte. Aus der Unschärferelation der Quantenmechanik folgt, dass sich bestimmte Größenpaare, also etwa der Ort und die Geschwindigkeit eines Teilchens, nicht beide mit absoluter Genauigkeit vorhersagen lassen. Die Quantenmechanik löst dieses Problem durch Theorien, in denen Teilchen keine festgelegten Positionen und Geschwindigkeiten haben, sondern durch eine Welle repräsentiert werden. Diese Quantentheorien sind insofern deterministisch, als sie Gesetze für die Entwicklung der Welle mit der Zeit angeben: Wenn man die Welle zu einem bestimmten Zeitpunkt kennt, dann kann man sie für einen anderen Zeitpunkt berechnen. Das unvorhersagbare Zufallselement kommt nur dann ins Spiel, wenn wir versuchen, die Welle in Hinblick auf die Positionen und Geschwindigkeiten der Teilchen zu interpretieren. Aber vielleicht ist das unser Fehler: Vielleicht gibt es keine Teilchenpositionen und -geschwindigkeiten, sondern nur Wellen. Mag sein, dass wir lediglich versuchen, die Wellen in unser vorgefasstes Schema von Positionen und Geschwindigkeiten hineinzuzwingen. Das daraus resultierende Missverhältnis wäre die Ursache der scheinbaren Unvorhersagbarkeit.

So haben wir die Aufgabe der Wissenschaft neu definiert: Es geht um die Entdeckung von Gesetzen, die es uns ermöglichen, Ereignisse innerhalb der Grenzen vorherzusagen, die uns die Unschärferelation setzt. Die Frage bleibt jedoch: Wie oder warum wurden die Gesetze und der Anfangszustand des Universums gewählt?

In diesem Buch habe ich mich auf die Gesetze konzentriert, die die Gravitation betreffen, weil sie den großräumigen Aufbau des Universums bestimmt, auch wenn sie die schwächste der vier Kräfte ist. Die Gravitationsgesetze vertragen sich nicht mit der bis vor nicht allzu langer Zeit vertretenen Auffassung, das Universum sei unveränderlich. Da die Gravitation stets als Anziehungskraft wirkt, muss es sich entweder ausdehnen oder zusammenziehen. Nach der allgemeinen Relativitätstheorie muss es in der Vergangenheit einen Zustand unendlicher Dichte gegeben haben, den Urknall, der den Anfang der Zeit markiert; entsprechend müsste es, wenn das gesamte Universum rekollabieren würde, einen weiteren Zustand unendlicher Dichte in der Zukunft geben, den Großen Endkollaps, das Ende der Zeit. Selbst wenn das ganze Universum nicht wieder in sich zusammenstürzt, so gibt es doch Singularitäten in allen abgegrenzten Regionen, die zu Schwarzen Löchern kollabiert sind. Diese Singularitäten bedeuten für jeden, der in das Schwarze Loch hineinfällt, das Ende der Zeit. Beim Urknall und in anderen Singularitäten – so die Theorie – büßen alle Gesetze ihre Geltung ein, sodass es noch immer in Gottes Belieben stünde zu wählen, was geschehen ist und wie alles begonnen hat.

Wenn wir die Quantenmechanik mit der allgemeinen Relativitätstheorie verbinden, so scheint sich eine neue Möglichkeit zu eröffnen: Raum und Zeit können zusammen einen endlichen, vierdimensionalen Raum ohne Singularitäten und ohne Ränder bilden, ähnlich wie die Oberfläche der Erde, nur mit mehr Dimensionen. Es scheint, dass diese Theorie viele der beobachteten Eigenschaften des Universums erklären kann – zum Beispiel seine großräumige Gleichförmigkeit und die kleinräumigen Verstöße gegen die Einheitlichkeit in Gestalt von Galaxien, Sternen und auch Menschen. Sie kann sogar den Zeitpfeil erklären, den wir beobachten. Doch wenn das Universum vollständig in sich abgeschlossen ist, ohne Singularitäten und Grenzen, und sich erschöpfend durch eine vereinheitlichte Theorie beschreiben ließe, so hätte dies tief greifende Auswirkungen auf Gottes Rolle als Schöpfer.

Einstein hat einmal gefragt: «Wie viel Entscheidungsfreiheit hatte Gott bei der Erschaffung des Universums?» Wenn die Kein-Rand-These zutrifft, so blieb ihm bei der Wahl der Anfangsbedingungen überhaupt keine Freiheit. Natürlich hätte es immer noch in seinem Ermessen gestanden, die Gesetze zu wählen, die das Universum bestimmen. Doch eine echte Entscheidungsfreiheit könnte er bei dieser Wahl auch nicht gehabt haben, denn es ist durchaus möglich, dass es nur sehr wenige vollständige vereinheitlichte Theorien gibt – vielleicht sogar nur eine, zum Beispiel die Stringtheorie –, die in sich widerspruchsfrei sind und die Existenz von so komplizierten Gebilden wie den Menschen zulassen, die die Gesetze des Universums erforschen und nach dem Wesen Gottes fragen können.

Auch wenn nur eine vereinheitlichte Theorie möglich ist, so wäre sie doch nur ein System von Regeln und Gleichungen. Wer bläst den Gleichungen den Odem ein und erschafft ihnen ein Universum, das sie beschreiben können? Die übliche Methode, nach der die Wissenschaft sich ein mathematisches Modell konstruiert, kann die Frage, warum es ein Universum geben muss, welches das Modell beschreibt, nicht beantworten. Warum muss sich das Universum all dem Ungemach der Existenz unterziehen? Ist die vereinheitlichte Theorie so zwingend, dass sie diese Existenz herbeizitiert? Oder braucht das Universum einen Schöpfer, und wenn ja, wirkt er noch in irgendeiner anderen Weise auf das Universum ein? Und wer hat ihn erschaffen?

Bislang waren die meisten Wissenschaftler zu sehr mit der Entwicklung neuer Theorien beschäftigt, in denen sie zu beschreiben versuchten, was das Universum ist, um die Frage nach dem Warum zu stellen. Andererseits waren die Leute, deren Aufgabe es ist, nach dem Warum zu fragen – die Philosophen –, nicht in der Lage, mit der Entwicklung naturwissenschaftlicher Theorien Schritt zu halten. Im 18. Jahrhundert betrachteten die Philosophen den gesamten Bereich menschlicher Erkenntnis, einschließlich der Naturwissenschaften, als ihr angestammtes Gebiet und erörterten auch Fragen wie etwa die nach dem Anfang des Universums. Im 19. und 20. Jahrhundert jedoch wurde die Naturwissenschaft zu fachlich und mathematisch für Laien, zu denen nun auch die Philosophen gehörten. Sie engten den Horizont ihrer Fragen immer weiter ein, bis schließlich Wittgenstein, einer der bekanntesten Philosophen des 20. Jahrhunderts, erklärte: «Alle Philosophie ist Sprachkritik. [Ihr] Zweck ist die logische Klärung von Gedanken.» Was für ein Niedergang für die große philosophische Tradition von Aristoteles bis Kant!

Wenn wir jedoch wirklich eine vollständige Theorie entdecken, dürfte sie nach einer gewissen Zeit in ihren Grundzügen für jedermann verständlich sein, nicht nur für ein paar Spezialisten. Dann werden wir uns alle – Philosophen, Naturwissenschaftler und Laien – mit der Frage auseinander setzen können, warum es uns und das Universum gibt. Wenn wir die Antwort auf diese Frage fänden, wäre das der endgültige Triumph der menschlichen Vernunft – denn dann würden wir Gottes Plan kennen.

ALBERT EINSTEIN

EINSTEINS ENGAGEMENT in Fragen der Kernwaffenpolitik ist allgemein bekannt: Er unterzeichnete den berühmten Brief an Präsident Franklin Roosevelt, in dem die Vereinigten Staaten beschworen wurden, dieses Problem ernst zu nehmen, und er beteiligte sich nach 1945 an den Bestrebungen, einen Atomkrieg zu verhindern. Doch das waren nicht nur einzelne Aktionen eines Wissenschaftlers, der in die Politik hineingezogen wurde. Einsteins ganzes Leben war, wie er es selbst ausgedrückt hat, «hin und her gerissen zwischen Politik und Gleichungen».

Einsteins früheste politische Aktivitäten fielen in den Ersten Weltkrieg, als er Professor in Berlin war. Erschüttert vom Kriegsgeschehen, nahm er an Protestkundgebungen gegen den Krieg teil. Sein Eintreten für zivilen Ungehorsam und die Beteiligung an öffentlichen Aufrufen zur Kriegsdienstverweigerung machten ihn bei seinen Kollegen nicht gerade beliebt. Nach dem Krieg bemühte er sich um die Aussöhnung der Völker und um bessere internationale Beziehungen. Auch diese Aktionen schadeten seinem Ansehen, und schon bald wurde es ihm erschwert, in die Vereinigten Staaten zu reisen, auch wenn er dort nur Vorlesungen und Vorträge halten wollte.

Das zweite große Wirkungsfeld Einsteins war der Zionismus. Obwohl jüdischer Herkunft, lehnte er die biblische Gottesvorstellung ab. Als ihm jedoch die antisemitischen Tendenzen vor und während des Zweiten Weltkriegs immer bewusster wurden, begann er sich nach und nach mit dem Judentum zu identifizieren und wurde später ein überzeugter Anhänger des Zionismus. Abermals hinderte ihn die Tatsache, dass seine Auffassungen alles andere als populär waren, nicht daran, seine Meinung zu sagen. Man griff seine Theorien an. Ein Anti-Einstein-Verein wurde gegründet. Ein Mann wurde wegen Anstiftung zum Mord an Einstein vor Gericht gestellt (und zu einer lächerlichen Geldstrafe verurteilt). Doch Einstein war nicht aus der Ruhe zu bringen. Als ein Buch mit dem Titel *100 Autoren gegen Einstein* erschien, meinte er: «Wenn ich Unrecht hätte, wäre einer genug!»

1933 kam Hitler an die Macht. Einstein hielt sich gerade in Amerika auf und erklärte, er werde nicht nach Deutschland zurückkehren. Die Nazis plünderten sein Haus und zogen sein Bankguthaben ein, und die Schlagzeile einer Berliner Tageszeitung lautete: «Gute Nachrichten von Einstein – er kommt nicht zurück.» Angesichts der nationalsozialistischen Bedrohung sagte sich Einstein vom Pazifismus los und empfahl den Vereinigten Staaten, eine eigene Atombombe zu entwickeln, weil er befürchtete, dass deutsche Wissenschaftler eine solche Bombe bauen könnten. Doch noch bevor die erste Atombombe explodiert war, warnte er öffentlich vor den Gefahren eines Atomkriegs und schlug eine internationale Kernwaffenkontrolle vor.

Alles, was Einstein sein Leben lang für den Frieden tat, hat wahrscheinlich wenig Dauer gehabt – ganz gewiss hat er sich damit keine Freunde gemacht. Nur sein öffentliches Eintreten für den Zionismus fand gebührende Anerkennung: 1952 wurde ihm die Präsidentschaft des jungen Staates Israel angeboten. Er lehnte ab mit der Begründung, er sei zu naiv für die Politik. Vielleicht hatte er in Wirklichkeit einen anderen Grund. Um ihn noch einmal zu zitieren: «Gleichungen sind wichtiger für mich, weil die Politik für die Gegenwart, eine Gleichung dagegen für die Ewigkeit ist.»

GALILEO GALILEI

GALILEI HAT WAHRSCHEINLICH mehr als irgendein anderer zur Entstehung der modernen Naturwissenschaften beigetragen. Sein berühmter Konflikt mit der katholischen Kirche war von zentraler Bedeutung für seine Philosophie, denn Galilei hat als einer der Ersten die Auffassung vertreten, der Mensch könne verstehen, was die Welt bewegt, und – mehr noch – er könne zu diesem Verständnis durch Beobachtung der wirklichen Welt gelangen. Von Anfang an hatte Galilei an die kopernikanische Theorie geglaubt (dass die Planeten die Sonne umkreisen), doch erst als er die erforderlichen Beweise entdeckte, begann er, öffentlich für sie einzutreten. Er publizierte seine Schriften über die Theorie des Kopernikus in italienischer Sprache (nicht auf Latein, wie damals in akademischen Kreisen üblich), sodass seine Auffassungen bald breite Zustimmung außerhalb der Universitäten fanden. Das verärgerte die aristotelischen Professoren, die sich gegen ihn verbündeten und die katholische Kirche zu einem Verbot der kopernikanischen Lehre aufriefen.

Beunruhigt reiste Galilei zu einem Gespräch mit den kirchlichen Autoritäten nach Rom. Es liege nicht in der Absicht der Bibel, uns über wissenschaftliche Theorien zu unterrichten, argumentierte er. Man könne doch im Allgemeinen davon ausgehen, dass die Bibel dort, wo sie dem gesunden Menschenverstand widerspreche, allegorisch zu verstehen sei. Doch die Kirche hatte Angst vor einem Skandal, der sie in ihrem Kampf gegen den Protestantismus hätte schwächen können, und entschloss sich deshalb zu repressiven Maßnahmen. 1616 erklärte sie die kopernikanische Lehre für «falsch und irrig» und verlangte von Galilei, er dürfe sie nie wieder behaupten, verteidigen und lehren. Galilei fügte sich.

1623 wurde ein langjähriger Freund Galileis zum Papst ernannt. Sofort bemühte sich Galilei um den Widerruf des Dekrets von 1616. Das gelang ihm nicht, aber er bekam die Erlaubnis, ein Buch über die aristotelische und die kopernikanische Theorie zu schreiben – unter zwei Bedingungen: Er durfte nicht Partei ergreifen, und er sollte zu dem Ergebnis kommen, dass der Mensch auf keinen Fall erkennen könne, wie die Welt beschaffen ist, weil Gott in seiner unbeschränkten Allmacht die gleichen Wirkungen auch auf eine Weise hervorbringen könne, die dem Menschen nicht vorstellbar sei.

Das Buch, *Dialog über die beiden hauptsächlichen Weltsysteme*, wurde 1632 abgeschlossen und mit dem vollen Einverständnis der Zensur veröffentlicht. Sofort nach Erscheinen feierte man es in ganz Europa als literarisches und philosophisches Meisterwerk. Schon bald wurde dem Papst klar, dass die Menschen in dem Buch eine überzeugende Beweisführung für die Richtigkeit der kopernikanischen Lehre sahen, und er bedauerte, der Veröffentlichung zugestimmt zu haben. Er erklärte, trotz der offiziellen Billigung der Zensur habe Galilei gegen das Dekret von 1616 verstoßen, und brachte ihn vor das Inquisitionsgericht, das ihn zu lebenslangem Hausarrest verurteilte und von ihm verlangte, sich öffentlich vom Kopernikanismus loszusagen. Galilei fügte sich auch diesmal.

Galilei blieb ein gläubiger Katholik, doch er hat sich nie in seiner Überzeugung beirren lassen, dass die Wissenschaft unabhängig sein müsse. Vier Jahre vor seinem Tod im Jahre 1642 – er stand noch immer unter Hausarrest – wurde das Manuskript seines zweiten wichtigen Buches zu einem Verleger in Holland geschmuggelt. Mehr noch als seine Verteidigung des Kopernikus ist dieses Buch, das unter dem Titel *Discorsi* bekannt geworden ist, als die Geburtsstunde der modernen Physik anzusehen.

ISAAC NEWTON

ISAAC NEWTON war kein angenehmer Mensch. Berüchtigt wegen seiner gestörten Beziehungen zu anderen Wissenschaftlern, brachte er den größten Teil seines späteren Lebens in erbittertem Streit zu. Nach Erscheinen der *Principia mathematica* – sicherlich das einflussreichste Buch in der Geschichte der Physik – gelangte Newton rasch zu öffentlichem Ansehen. Er wurde zum Präsidenten der Royal Society ernannt und als erster Wissenschaftler geadelt.

Schon bald geriet er in Konflikt mit John Flamsteed, dem Direktor der Königlichen Sternwarte, der Newton zuvor sehr wichtige Unterlagen für die *Principia* zur Verfügung gestellt hatte, nun aber Informationen zurückhielt, die Newton von ihm forderte. Newton war nicht der Mann, sich mit einer solchen Weigerung abzufinden. Er ernannte sich selbst zum Vorstand der Königlichen Sternwarte und versuchte nun, die sofortige Veröffentlichung der Daten gewaltsam durchzusetzen. Schließlich gelangte er in den Besitz der Flamsteed'schen Arbeiten und übergab sie Edmond Halley, Flamsteeds Todfeind, der sie zur Veröffentlichung vorbereiten sollte. Doch Flamsteed brachte den Fall vor Gericht und konnte gerade noch rechtzeitig ein Urteil erwirken, das die Verbreitung der gestohlenen Arbeiten untersagte. Newton war außer sich vor Zorn und rächte sich, indem er in allen späteren Ausgaben der *Principia* systematisch jeden Verweis auf Flamsteed strich.

Eine noch heftigere Fehde trug er mit Gottfried Wilhelm Leibniz aus. Newton und Leibniz hatten unabhängig voneinander die mathematische

Methode der Infinitesimalrechnung entwickelt, die den meisten Bereichen der modernen Physik zugrunde liegt. Heute wissen wir, dass Newton dieses Verfahren Jahre vor Leibniz entdeckt hat, doch er veröffentlichte seine Arbeit viel später. Es kam zu einem erbitterten Streit über die Frage, wer der Erste gewesen sei. Viele Wissenschaftler beteiligten sich an dieser Auseinandersetzung. Interessant ist, dass die meisten der Artikel, die zur Verteidigung Newtons erschienen, von ihm selbst stammten – und nur unter dem Namen von Freunden veröffentlicht wurden. Als der Streit immer heftiger wurde, machte Leibniz den Fehler, die Royal Society als Schlichtungsstelle anzurufen. Newton als ihr Präsident berief einen «unparteiischen» Ausschuss zur Klärung der Frage, der sich zufälligerweise nur aus seinen Freunden zusammensetzte. Doch das reichte ihm noch nicht aus: Er verfasste höchstpersönlich den Bericht des Ausschusses und bewog die Royal Society zu seiner Veröffentlichung. Nun wurde Leibniz offiziell als Plagiator gebrandmarkt. Noch immer nicht zufrieden, schrieb Newton eine anonyme Zusammenfassung des Berichts für die Annalen der Royal Society. Es heißt, nach Leibniz' Tod habe Newton erklärt, es sei für ihn eine große Befriedigung gewesen, «Leibniz das Herz gebrochen» zu haben.

Schon zur Zeit dieser beiden Auseinandersetzungen hatte Newton Cambridge und der akademischen Welt den Rücken gekehrt. Er hatte sich in Cambridge und später im Parlament als Gegner des Katholizismus hervorgetan und wurde schließlich mit dem einträglichen Posten eines Direktors des Königlichen Münzamtes belohnt. Dort konnte er seine Neigung zu Heimtücke und Bösartigkeit in den Dienst der Gesellschaft stellen, indem er einen erbarmungslosen Feldzug gegen die Falschmünzerei führte, der für einige Männer am Galgen endete.

GLOSSAR

Absoluter Nullpunkt: Die niedrigste aller möglichen Temperaturen, bei der ein Stoff keine Wärmeenergie besitzt.

Allgemeine Relativitätstheorie: Einsteins Theorie, in der er von der Überlegung ausging, dass die Naturgesetze für alle Beobachter, unabhängig von ihrer Bewegung, gelten müssten. Die Gravitationskraft wird als Krümmung einer vierdimensionalen Raumzeit erklärt.

Anthropisches Prinzip: Wir sehen das Universum so, wie es ist, weil es uns nicht gäbe, wir es also nicht beobachten könnten, wenn es anders wäre.

Antiteilchen: Jeder Sorte von Materieteilchen entspricht eine Sorte von Antiteilchen. Wenn ein Teilchen mit seinem Antiteilchen zusammenstößt, vernichten sie sich gegenseitig und lassen nur Energie zurück.

Atom: Die Basiseinheit normaler Materie, bestehend aus einem winzigen Kern (seinerseits aus Protonen und Neutronen zusammengesetzt), der von Elektronen umkreist wird.

Beschleunigung: Das Maß, in dem sich die Geschwindigkeit eines Objekts verändert.

Dualität: Eine Entsprechung zwischen scheinbar verschiedenen Theorien, die zu gleichen physikalischen Ergebnissen führen.

Dunkle Materie: Materie in Galaxien, Haufen und vielleicht auch zwischen Haufen, die sich nicht direkt beobachten lässt, die man aber an ihrem Gravitationseffekt erkennen kann. Möglicherweise besteht bis zu neunzig Prozent der Masse des Universums aus dunkler Materie.

Einstein-Rosen-Brücke: Eine dünne Röhre in der Raumzeit, die zwei Schwarze Löcher verbindet. Siehe auch *Wurmloch.*

Elektrische Ladung: Die Eigenschaft eines Teilchens, durch die es andere Teilchen abstoßen (oder anziehen) kann, die eine Ladung mit gleichem (oder entgegengesetztem) Vorzeichen haben.

Elektromagnetische Kraft: Die Kraft, die zwischen Teilchen mit elektrischer Ladung wirksam ist – die zweitstärkste der vier Grundkräfte.

Elektron: Ein Teilchen mit negativer elektrischer Ladung, das den Kern eines Atoms umkreist.

Elektroschwache Vereinheitlichungsenergie: Die Energie (etwa 100 GeV), oberhalb deren der Unterschied zwischen der elektromagnetischen und der schwachen Kraft verschwindet.

Elementarteilchen: Ein Teilchen, das sich nach gängiger Auffassung nicht mehr teilen lässt.

Endkollaps: Die Singularität am Ende des Universums.

Ereignis: Ein Punkt in der Raumzeit, der durch Zeit und Ort festgelegt ist.

Ereignishorizont: Die Grenze eines Schwarzen Loches.

Feld: Etwas, was Ausdehnung in Raum und Zeit besitzt, im Gegensatz zu einem Teilchen, das zu einem Zeitpunkt nur an einem Punkt vorhanden ist.

Frequenz: Bei einer Welle die Zahl der durchlaufenen Zyklen pro Sekunde.

Gammastrahlen: Elektromagnetische Wellen von sehr kurzer Wellenlänge, die durch radioaktiven Zerfall oder durch Zusammenstöße von Elementarteilchen entstehen.

Geodäte: Der kürzeste (oder längste) Weg zwischen zwei Punkten.

Gewicht: Die Kraft, die von einem Gravitationsfeld auf einen Körper ausgeübt wird. Sie ist seiner Masse proportional, aber nicht mit ihr identisch.

Große Vereinheitlichte Theorie (GUT): Eine Theorie, welche die elektromagnetische, die starke und die schwache Kraft vereinheitlicht.

Kein-Rand-Bedingung: Die Vorstellung, dass das Universum endlich ist, aber keine Ränder besitzt.

Kern: Innerster Teil eines Atoms, bestehend aus Protonen und Neutronen und zusammengehalten durch die starke Kraft.

Kernfusion: Der Prozess, bei dem zwei Kerne zusammenstoßen und zu einem einzigen, schwereren Kern verschmelzen.

Koordinaten: Zahlen, die die Position eines Punktes in Raum und Zeit angeben.

Kosmologie: Die wissenschaftliche Auseinandersetzung mit dem Universum als Ganzem.

Kosmologische Konstante: Ein mathematisches Mittel, das Einstein benutzte, um die Raumzeit mit einer inhärenten Expansionstendenz auszustatten.

Lichtsekunde (Lichtjahr): Die Entfernung, die das Licht in einer Sekunde (einem Jahr) zurücklegt.

Magnetisches Feld: Das Feld, das für die magnetischen Kräfte verantwortlich ist und heute mit dem elektrischen Feld zum elektromagnetischen Feld zusammengefasst wird.

Masse: Die Materiemenge eines Körpers; seine Trägheit oder sein Widerstand gegen Beschleunigung.

Mikrowellen-Strahlenhintergrund: Die Strahlung des heißglühenden frühen Universums, jetzt so stark rotverschoben, dass sie nicht in Form von Licht, sondern als Mikrowellen in Erscheinung tritt (Radiowellen mit einer Wellenlänge von ein paar Zentimetern).

Neutrino: Ein extrem leichtes Teilchen, das nur dem Einfluss der schwachen

Kernkraft und der Gravitation unterliegt.

Neutron: Ein ungeladenes Teilchen, dem Proton sehr ähnlich, das ungefähr die Hälfte der Teilchen in den Kernen der meisten Atome stellt.

Neutronenstern: Der kalte Stern, der manchmal nach einer Supernova-Explosion zurückbleibt, wenn der Kern seines Materials im Zentrum zu einer dichten Neutronenmasse zusammenstürzt.

Phase: Bei einer Welle die Position in ihrem Zyklus zu einem bestimmten Zeitpunkt – ein Maß, das angibt, ob es sich um einen Wellenberg, ein Tal oder irgendeinen Punkt dazwischen handelt.

Photon: Ein Lichtquant.

Planck'sches Quantenprinzip: Die Vorstellung, dass Licht (oder irgendeine andere klassische Welle) nur in bestimmten Quanten, deren Energie ihrer Frequenz proportional und ihrer Wellenlänge umgekehrt proportional ist, abgegeben oder absorbiert werden kann.

Positron: Das (positiv geladene) Antiteilchen des Elektrons.

Proportional: «X ist Y proportional»: Wenn Y mit einer Zahl multipliziert wird, wird auch X mit ihr multipliziert. «X ist Y umgekehrt proportional»: Wenn Y mit einer Zahl multipliziert wird, wird X durch sie dividiert.

Proton: Ein Teilchen, das dem Neutron sehr ähnlich, aber positiv geladen ist und ungefähr die Hälfte der Teilchen im Kern der meisten Atome stellt.

Quantenmechanik: Die Theorie, die aus Plancks Quantenprinzip und Heisenbergs Unschärferelation entwickelt wurde.

Quark: Ein (geladenes) Elementarteilchen, das der Wirkung der starken Kraft unterliegt. Protonen und Neutronen setzen sich jeweils aus drei Quarks zusammen.

Radar: System, das mittels gepulster Radiowellen Objekte ortet, indem es die Zeit misst, die ein Puls braucht, um zum Objekt und wieder zurück zu gelangen.

Radioaktivität: Der spontane Zerfall von Atomkernen einer Art in Atomkerne anderer Art.

Raumdimension: Jede der drei Dimensionen der Raumzeit, die raumartig ist – das heißt jede mit Ausnahme der Zeitdimension.

Raumzeit: Der vierdimensionale Raum, dessen Punkte Ereignisse sind.

Rotverschiebung: Die Rotfärbung des Lichtes eines Sterns, der sich von uns fortbewegt, infolge des Doppler-Effekts.

Schwache Kraft: Die zweitschwächste der Grundkräfte nach der Gravitation mit einer sehr kurzen Reichweite. Sie wirkt auf alle Materieteilchen, nicht aber auf kräftetragende Teilchen.

Schwarzes Loch: Eine Region der Raumzeit, aus der nichts, noch nicht einmal Licht, entkommen kann, weil die Gravitation zu stark ist.

Singularität: Ein Punkt in der Raumzeit, an dem die Raumzeitkrümmung (oder eine andere physikalische Größe) unendlich wird.

Spektrum: Die Teilfrequenzen, aus denen eine Welle besteht. Der sichtbare Teil des Sonnenspektrums ist beispielsweise in einem Regenbogen zu erkennen.

Spezielle Relativitätstheorie: Einsteins Theorie, die auf der Vorstellung beruht, dass die Naturgesetze, solange Gravitationsphänomene außen vor bleiben, für alle gleichförmig gegeneinander bewegten Beobachter gleich sind.

Starke Kraft: Die stärkste der vier Grundkräfte mit der kürzesten Reichweite. Sie hält die Quarks in den Protonen und Neutronen zusammen sowie die Protonen und Neutronen selbst, sodass diese Atome bilden.

Stringtheorie: Eine physikalische Theorie, in der Teilchen als Wellen auf Strings (Saiten) beschrieben werden. Strings haben Längenausdehnung, aber keine andere Dimension.

Teilchenbeschleuniger: Eine Anlage, die mit Hilfe von Elektromagneten in Bewegung befindliche geladene Teilchen beschleunigen und ihnen damit mehr Energie verleihen kann.

Unschärferelation: Das von Heisenberg aufgestellte Prinzip, nach dem sich Ort und Geschwindigkeit eines Teilchens nicht beide mit absoluter Genauigkeit angeben lassen: Je genauer man die eine Größe kennt, desto größer wird die Ungewissheit hinsichtlich der anderen.

Urknall: Die Singularität am Anfang des Universums.

Virtuelles Teilchen: Ein Teilchen, das sich nach der Quantenmechanik nicht direkt nachweisen lässt, dessen Existenz aber messbare Auswirkungen hat.

Wellenlänge: Bei einer Welle der Abstand zwischen zwei benachbarten Tälern oder zwei benachbarten Bergen.

Welle-Teilchen-Dualität: Ein Konzept aus der Quantenmechanik, nach dem es keinen Unterschied zwischen Wellen und Teilchen gibt; Teilchen können sich manchmal wie Wellen verhalten und Wellen manchmal wie Teilchen.

Wurmloch: Eine dünne Röhre in der Raumzeit, die ferne Regionen des Universums miteinander verbindet. Wurmlöcher könnten auch einen Zugang zu Parallel- oder Baby-Universen und damit die Möglichkeit von Zeitreisen eröffnen.

DANKSAGUNG

UNSER DANK GILT: unserer Lektorin Ann Harris bei Bantam, weil sie uns mit viel Erfahrung und Talent geholfen hat, das Manuskript zu glätten; Glen Edelstein, dem Bantam-Art-Director, für seine unermüdlichen Anstrengungen und seine Geduld; unseren eigenen Graphikern Philip Dunn, James Zhang und Kees Veenenbos, weil sie sich die Zeit genommen haben, ein bisschen Physik zu lernen, und weil sie den wissenschaftlichen Inhalt nicht für spektakuläre Bilder geopfert haben; unseren Agenten Al Zuckerman and Susan Ginsburg von Writer's House, weil sie uns mit Intelligenz, Fürsorge und praktischer Hilfe zur Seite standen; Monica Guy für das Korrekturlesen; und all denen, die sich freundlicherweise bereit erklärten, verschiedene Fassungen des Manuskripts zu lesen, um uns bei unserer Suche nach Abschnitten zu helfen, die klarer gefasst werden konnten: Donna Scott, Alexei Mlodinow, Mark Hillery, Joshua Webman, Stephen Youra, Robert Barkovitz, Martha Lowther, Katherine Ball, Amanda Bergen, Jeffrey Boehmer, Kimberly Comer, Peter Cook, Matthew Dickinson, Drew Donovanik, David Fralinger, Eleanor Grewal, Alicia Kingston, Victor Lamond, Michael Melton, Mychael Mulhern, Matthew Richards, Michelle Rose, Sarah Schmitt, Curtis Simmons, Christine Webb und Christopher Wright.

NAMEN- UND SACHREGISTER

Kursiv gesetzte Seitenverweise im Register beziehen sich auf die Abbildungen im Band.